Python

第2版

程式設計入門與應用

————————— 運算思維的提昇與修練　　陳新豐 著

五南圖書出版公司 印行

再版序

　　《Python 程式設計入門與應用》這本書共分為 12 章，分別是〈程式設計與 Python〉、〈變數與資料型態〉、〈基本敘述〉、〈串列、元組、集合、字典〉、〈函式〉、〈套件〉、〈排序與搜尋〉、〈檔案與例外〉、〈圖形使用者介面〉、〈專題開發〉、〈Arduino〉與〈micro:bit〉等。全書的結構是以初學者學習程式設計的撰寫流程來加以安排，第 2 版除了更新 Python 與相關軟體至本書再版時最新之版本，新增微軟開發且跨平臺免費編輯器開發 Python 程式以及修正第 1 版中勘誤之處。

　　再版第 1 章的內容是簡介程式設計，並介紹視覺化 Python 語言之開發環境。接下來第 2 章介紹程式設計中的變數與相關的資料型態，包括數值與字串等。第 3 章則是開始說明撰寫 Python 的基本敘述，例如判斷式與迴圈。第 4 章則是說明串列、元組、集合與字典等資料型態在使用時需要注意的事項。第 5 章則是程式設計中的函式加以說明如何定義以及使用 Python 內定的數值與字串函式。第 6 章則是說明擴展 Python 功能的套件之使用，並介紹時間、亂數與繪圖套件的匯入與使用。第 7 章是說明程式設計演算法中相當重要的排序、搜尋與遞迴。第 8 章是介紹 Python 如何讀取與寫入檔案，並且若有例外情形時該如何截取訊息做適當的處理。第 9 章則是說明如何利用圖形使用者介面來增加程式中人機互動的部分。第 10 章則由前述 9 章中所介紹的語法及函式中，以 YouTube 影片下載器、音樂 MP3 播放器與試題分析等 3 個專題來說明，如何利用 Python 開發專題，並且包括如何將專題包裝成執行檔。第 11 章則是如何利用 Python 來操弄 Arduino 的感測器與相關元件。最後第 12 章則是以

MicroPython 來開發與應用 micro:bit 的相關元件。綜括而論，本書介紹 Python 程式語言在程式設計中的應用，並且配合實例來加以說明。

運算思維是面對問題以及解決問題的策略與方針，本書是以實務及理論兼容的方式來介紹程式語言，並且各章節均用淺顯易懂的文字與範例來說明程式設計中的設計策略。基本理念即是以「運算思維」為主軸，透過 Python 程式設計相關知能的學習，培養邏輯思考、系統化思考等運算思維；由範例 Python 程式設計與實作，增進運算思維的應用能力、解決問題能力、團隊合作以及創新思考能力。對於初次接觸程式設計的讀者，一定會有實質上的助益，對於已有相當基礎的程式設計者，這本書讀來仍會有許多令人豁然開朗之處。不過囿於個人知識能力有限，必有不少偏失及謬誤之處，願就教於先進學者，若蒙不吝指正，筆者必虛心學習，並於日後補正。

最後，要感謝家人讓我有時間在繁忙的研究、教學與服務之餘，還能夠全心地撰寫此書。

陳新豐　謹識

2022 年 03 月於國立屏東大學教育學系

Contents

再版序

Contents

Chapter 08 — 檔案與例外　231

Chapter 09 — 圖形使用者介面　249

Contents

程式設計與 Python

1.1　程式語言

　　程式語言是用來命令電腦執行各種作業的指令，是人類與電腦溝通的中間橋樑，當電腦藉由輸入設備把程式碼讀入之後，會儲存在主記憶體內，然後指令會依序被控制單元提取並解碼或翻譯成電腦可以執行的信號，並把信號送到各個裝置上，以及執行指令所指派的動作，也就是說，程式語言可以說是人類與電腦溝通的語言。

　　1980 年後出生，其成長歷程與網路、智慧型手機及平板電腦等科技產品緊緊相依的年輕族群，時常被視為擅長運用數位科技的世代，然而這些數位原生（Digital Natives）的年輕族群可不代表就是『精通』數位科技。所謂精通數位科技，並不是單指人們與新科技「互動」的能力，而是「創造」新科技的能力，而想要創造新科技，就必須學習撰寫程式語言。

　　程式語言的分類一般可分為低階語言與高階語言，其中的低階語言較接近電腦的語言，執行速度快但是編寫不易，例如機器語言或者是組合語言；另外高階語言則比較接近人類的日常用語，程式比較容易編寫與閱讀，但是必需編譯成機器語言才能夠執行，執行效率較低階語言差，例如 C、JAVA、Python 等。

　　組合語言或者是高階語言所撰寫的原始程式，翻譯成機器語言可供電腦執行的過程可分為組譯（Assembler）、直譯（Interpreter）與編譯（Compiler）。組合語言是利用組譯的過程，C 與 JAVA 則是利用編譯的過程，至於本書中所討論的 Python 則是利用直譯的過程，將原始程式的指令逐一翻譯並執行，每次執行時需要重新翻譯。

1.2　Python 語言簡介

　　Python 是個非常強大的程式語言，具有眾多的第三方函式庫，簡潔而友好的語法，特別容易上手，以下將從 Python 程式語言的發展歷史及其特色說明如下。

1.2.1　Python 程式語言的發展歷史

　　TIOBE 在 2018 年 01 月中程式語言流行趨勢的排行榜中，Python 排名第 4，前三名分別是 JAVA、C 與 C++，與 2017 年 01 月相較，Python 流行趨勢的排名增加 1.21%，增加的幅度是除了 C 語言外的第二高。Python 至今被譽為「初學者最佳學習的程式語言」，無論網頁程式設計、手機程式設計、遊戲程式設計、自動控制程式……等各行各業，Python 都占有一席之地，可見得 Python 在目前程式語言的學習中，扮演著相當重要的角色。

　　Python 程式語言是 1989 年 12 月，Guido van Rossum 於荷蘭國家數學及計算機科學研究所研發而成。1991 年 02 月 Python 0.9 版發布在新聞論壇，從此之後 Python 受到廣大程式設計者的喜愛。Python 擁有 C 程式語言的強大功能，並且容易學習，又具備良好的擴展性，因此 1994 年 01 月，Python 1.0 正式版公布後，奠定了 Python 蓬勃發展的第一步。

　　Python 3.0 版於 2008 年 12 月公布，此時 Python 的開發小組投下了一顆震撼彈，Python 3.0 的語法與前一個 Python 2.6 版本幾乎完全不相容，Python 開發小組忍痛廢掉 Python 2.x 的架構重新發展 Python。

　　本書撰寫時，Python 已經釋放出 3.10.2 的版本，並且自 3.5 版之後，不再支援 Windows XP 的作業系統平臺。

1.2.2　Python 程式語言的特色

　　Python 的官方網站（https://www.python.org）宣稱 Python 程式語言是功能強大、快速、容易使用並且是開放式的免費軟體，而這也是為何程式設計師要選擇 Python 為開發應用軟體系統的程式語言，簡單地說 Python 程式語言主要的特色有下列幾點。

1. 簡單且易於學習

　　Python 非常適合初次接觸程式語言的學習者，其語言簡單易學，Python 使用優雅的語法，使得編寫的程式碼更容易閱讀。

2. 完全採物件導向

Python 的函式、數字、字串都是物件，完全支援繼承、重載、衍生與多重繼承，有益於增強原始碼的複用性。

3. 豐富的擴充模組

Python 本身被設計為可擴充的，並非所有的特性和功能都整合到語言核心，Python 提供了豐富的 API 和工具，以便程式設計師能夠輕鬆地使用 C、C++ 來編寫擴充模組，Python 編譯器本身也可以被整合到其他需要腳本語言的程式內，第 3 方的程式庫包括 Web and Internet Development、Database Access、Desktop GUIs、Scientific & Numeric、Education、Network Programming、Software & Game Development 等。

4. 免費的開發環境

Python 可以免費下載與使用，或將其包括在個人所開發的應用程式中，Python 屬於開放性原始碼專案，沒有專利問題，允許被使用者自由地修改與重新發布。

5. 跨多平臺的特性

Python 程式常常不需要修改，即可同時在 Linux 與 Windows 等作業系統平臺上執行，即使撰寫圖形使用者介面（Graphical User Interface, GUI）程式也是具有可移植性。

1.3　Python 開發環境

Python 常見的開發環境，主要有官方的整合式發展與學習環境（Integrated Development and Learning Environment, IDLE）、PyCharm、WinPython 與 Anaconda 等，上述四者都是安裝在本地端的 Python 開發環境，另外也可以安裝一些軟體開發環境的編輯器再套入 Python 的擴增模組，例如 Visual Studio Code。除此之外，Python 另外還有許多雲端開發環境，利用雲端開發環境，只需要利用瀏覽器連上該雲端開發環境，不管是寫程式、執行程式、程式除錯，都能直接在雲端的開發環境中來加以進行。另外亦可將寫好的程式碼下載到本地端的硬碟來加以儲存，或者將程式碼上傳至雲端開發環境中。以下將介紹 Python IDLE、WinPython、Anaconda、Microsoft Visual Studio Code 等 4 種本地端的開發環境之安裝設定以及 PythonAnywhere、TutorialsPoint、repl.it、Colaboratory 等 4 種雲端開發環境。

1.3.1　安裝 Python

安裝 Python 之前，先連線到官方網站（https://www.python.org/），如下圖所示。

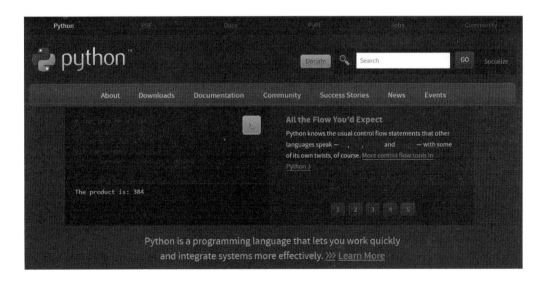

點選 Downloads 的標籤，即會出現各種平臺（Windows、Mac OSX、Linux/UNIX 等）的下載連結，若是 Windows 的作業平臺則可以直接點選較新釋放的軟體 Python 3.10.2 來下載，假設是要安裝 Python 3 即可直接點選 Python 3.10.2，

即會出現下載的視窗。

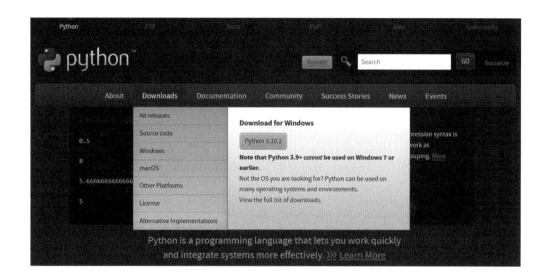

出現下載的視窗後，選擇下載的目錄位置，如下圖所示。

　　下載完成後，開啓下載的目錄位置，滑鼠連點兩下開啓安裝程式（python-3.10.2-amd64.exe）後，即會出現安裝的畫面，目前大部分電腦所安裝的作業系統都是 64 位元，但若是使用者的電腦是安裝 32 位元，則建議使用者可以在下載的畫面中點選「Windows」選擇 32 位元或其他型式的安裝軟體，如下圖所示。

Python >>> Downloads >>> Windows

Python Releases for Windows

- Latest Python 3 Release - Python 3.10.2
- Latest Python 2 Release - Python 2.7.18

Stable Releases

- Python 3.9.10 - Jan. 14, 2022
  Note that Python 3.9.10 *cannot* be used on Windows 7 or earlier.

  - Download Windows embeddable package (32-bit)
  - Download Windows embeddable package (64-bit)
  - Download Windows help file
  - Download Windows installer (32-bit)
  - Download Windows installer (64-bit)
- Python 3.10.2 - Jan. 14, 2022
  Note that Python 3.10.2 *cannot* be used on Windows 7 or earlier.

  - Download Windows embeddable package (32-bit)
  - Download Windows embeddable package (64-bit)
  - Download Windows help file
  - Download Windows installer (32-bit)
  - Download Windows installer (64-bit)

Pre-releases

- Python 3.11.0a6 - March 7, 2022
  - Download Windows embeddable package (32-bit)
  - Download Windows embeddable package (64-bit)
  - Download Windows help file
  - Download Windows installer (32-bit)
  - Download Windows installer (64-bit)
  - Download Windows installer (ARM64)
- Python 3.11.0a5 - Feb. 3, 2022
  - Download Windows embeddable package (32-bit)
  - Download Windows embeddable package (64-bit)
  - Download Windows help file
  - Download Windows installer (32-bit)
  - Download Windows installer (64-bit)
  - Download Windows installer (ARM64)
- Python 3.11.0a4 - Jan. 14, 2022

　　本範例是下載「Windows installer(64-bit)」Python 3.10.2 64 位元的可執行的安裝檔，另外還有其他種安裝程式可依使用者個別需求選擇適當的安裝檔案。下載完成後，開啓下載的目錄位置，滑鼠連點兩下開啓安裝 64 位元的程式（python-3.10.2-amd64.exe）後，即會出現安裝的畫面，如下圖所示。

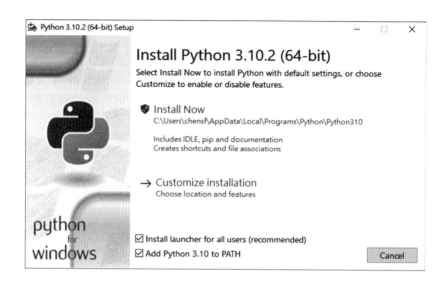

上圖安裝的畫面中，可以直接點選「Install Now」直接安裝，或者是點選「Customize installation」自訂安裝，本範例是點選自訂安裝，出現畫面如下圖所示。

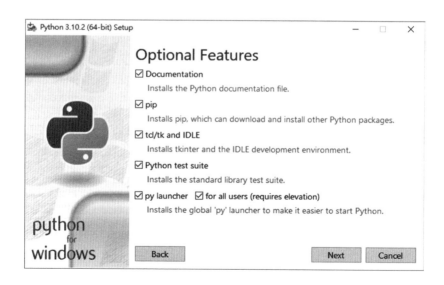

　　上圖是自訂安裝的畫面，選項包括文件檔、安裝套件的程式、IDLE 的發展環境、測試標準資源測試套件、Python 啟動器以及選擇是否可供所有人使用的環境等，內定「Install for all users」選項並未被勾選，建議勾選以利若此電腦有多個使用者帳戶時仍可使用，如下圖所示。

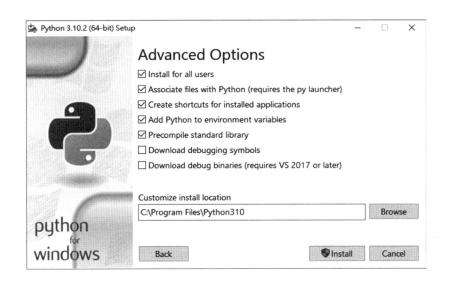

　　進階選項中，包括許多讓安裝程式時有更多的選擇，另外若要選擇安裝目錄即可以點選「Browse」的按鈕，選擇安裝目錄，本範例是選擇內定讓所有使用者帳戶使用時的安裝目錄 C:\Program Files\Python310。若安裝時是選擇「Install Now」的選項時，或者是「Install for all users」採用內定選項未勾選時，Windows 作業系統下的預設安裝位置是為 C:\Users\[UserName]\AppData\Local\Programs\Python\Python310 其中 [UserName] 是登入 Windows 作業系統的使用者名稱，310 則是 Python 的版本編號，因為本書撰寫時的最新版本是 Python 3.10.2，所以範例所安裝的版本編號即為 310。點選「Install」按鈕後即會開始安裝，安裝過程如下圖所示。

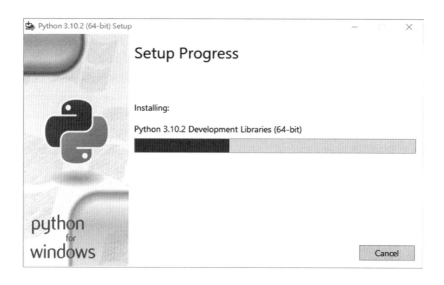

下圖則為安裝完成的畫面，請按「Close」關閉安裝程式。

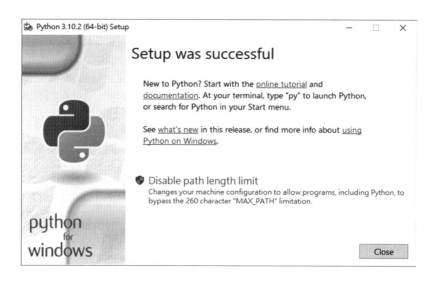

1.3.2 安裝 WinPython

　　WinPython 是 Python 程式使用者常用的 IDE，最大的好處即是它是可攜式，安裝完之後只要複製安裝的目錄至所需要執行的電腦即可使用，不用再安裝一次，相當方便，下圖為 WinPython 的官方網站畫面 https://winpython.github.io/。

　　請點選所需版本的安裝檔案，例如若是 64 位元 3.10.2 版本，即可選擇該版本 Downloads 之後下載的連結，點選之後即會出現下載的畫面。請注意上述各版本有不同的內涵，以 3.10.2 為例，包括 WinPython64-3.10.2.0dot、WinPython32-3.10.2.0dot、WinPython64-3.10.2.0 等 3 種類型，其中 WinPython64-3.10.2.0dot 為 3.10.2 版本 64 位元，僅有 Python 程式；WinPython32-3.10.2.0dot 為 32 位元，僅有 Python 程式；WinPython64-3.10.2.0 為 64 位元除了 Python 3.10.2 64bit 之外，尚有 Pyside2、Jupyterlab 等程式包含其中，下載畫面如下圖所示。

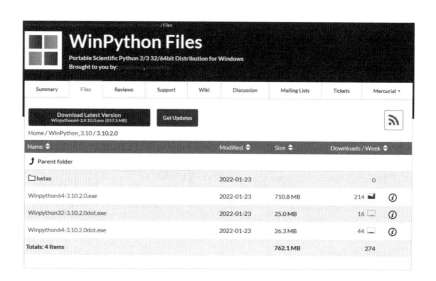

上述下載的畫面之中,使用者可以選擇各種類型的下載檔案,因為本範例所下載的除了 Python 3.10.2 64bit 之外,尚需要 Pyside2、Jupyterlab 等程式,所以選擇 WinPython64-3.10.2.0 的下載連結,點選之後即會出現下載的畫面如下圖所示。

本範例是將下載的檔案選擇下載至「D:\source」的目錄之下,如上圖所示,下載完成之後點選安裝檔案即會出現解壓縮的畫面如下圖所示。

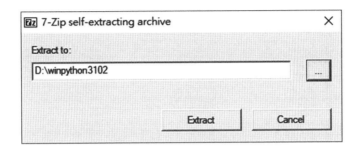

　此時內定的目錄為下載的目錄,因此強烈建議安裝至其他的目錄以免混淆,例如上例內定的目錄為下載的目錄「D:\source」,此時點選右邊按鈕選擇解壓縮的目錄,本範例為例即是將 Winpython 解壓縮至「D:\winpython3102」,目錄選擇完成後,請點選「Extract」後開始解壓縮,如下圖所示。

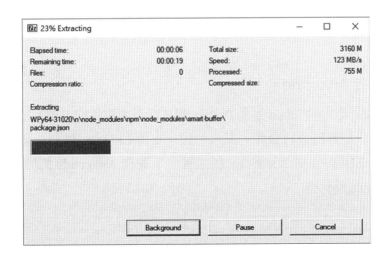

　一直等到解壓縮結果,視窗會自動關閉,即完成解壓縮的動作,可以點選解壓縮的目錄,查看檔案如下圖所示。

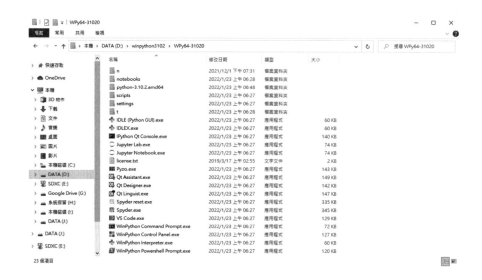

上圖為解壓縮後的檔案目錄，其中 IDLE(Python GUI).exe 即為 Python 的
GUI 介面，Spyder.exe 即為執行 Python 的 Spyder 整合開發環境介面，若要執行
可以一一選擇所要執行的程式，若要移至其他電腦使用只要將這個解壓縮的目錄
D:\winpython3102 複製，即可正常執行，相當地方便。

1.3.3　安裝 Anaconda

Anaconda 與 WinPython 都是 Python 程式設計者常用的 IDE，包含超過 300
種常用的科學及資料分析套件，完全免費，支援 Linux、Windows、Mac 作業
平臺，同時支援 Python 2.x 與 3.x 版本等，下圖為 Anaconda 的官方網站畫面
https://anaconda.org/。

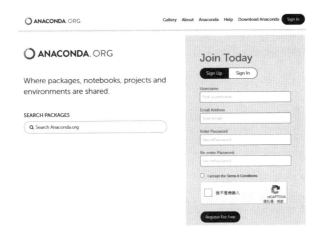

　　請點選右上角「Download Anaconda」後，點選 Windows 系統圖示，並選擇 Anaconda 個人版本下載，如下圖。

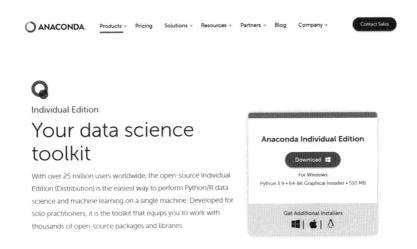

　　上述下載的畫面之中，使用者可以點選「Download」的按鈕下載檔案，包括 Python 3.9 版本，64 位元的圖型式安裝介面，安裝檔案共 510MB，若要選擇其他的版本，則可點選下端的 Windows、Mac、Linux 的安裝版本下載。

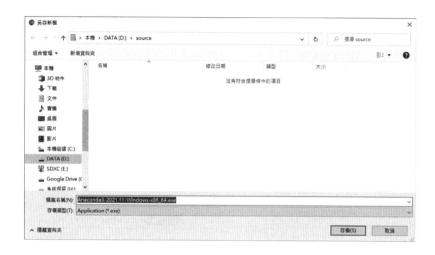

　　本範例是將下載的檔案選擇下載至「D:\source」的目錄之下，如上圖所示，下載完成之後點選安裝檔案 Anaconda3-2021.11-Windows-x86_64.exe 即會出現安裝的畫面如下圖所示。

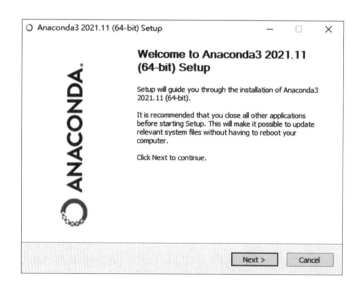

　　上圖的安裝 Anaconda 的歡迎畫面，請按「Next」下一步到版權頁。

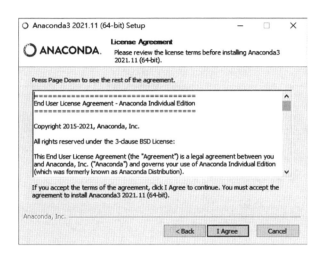

　　上圖是安裝的版權頁，請點選「I Agree」後繼續安裝。

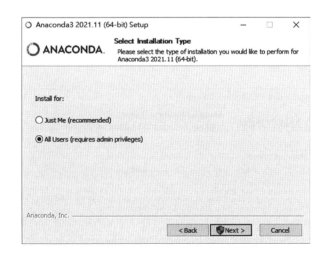

　　上圖是選擇安裝的型式，建議選擇可以讓所有的使用者使用，點選「Next」後，繼續選擇所要安裝的目錄。

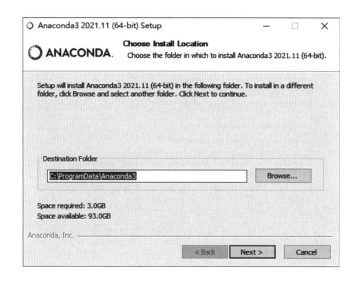

上圖是選擇安裝的目錄，本範例是選擇將 Anaconda 安裝於「C:\
ProgramData\Anaconda3」的目錄中，如上圖所示，選擇完成後再點選「Next」
進行 Anaconda 安裝進階選項，如下圖所示。

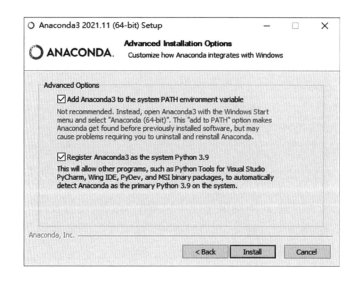

　　上圖的進階選項中，第一個選項爲將 Anaconda 加入系統程式搜尋路徑環境變項中，另外一個選項則是將 Anaconda 註冊爲系統 Python 3.9 版本的主要程式，若是有其他相同的 IDE 程式會以這個版本爲主要程式來源，此選項若在同一個作業系統安裝數個 Python 的 IDE 開發環境則是建議勾選，當安裝新的套件時，所有的 IDE 開發環境軟體都可以使用，避免套件版本以及程式的衝突。這二個進階選項選擇完之後，請點選「Install」開始安裝。

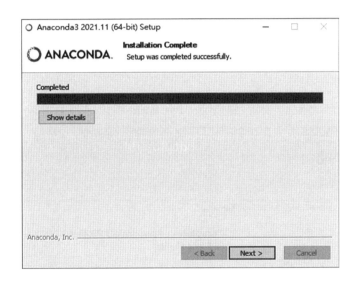

　　上圖爲安裝完成的畫面，點選「Next」後，選擇是否安裝 PyCharm。

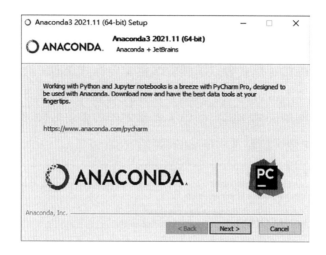

　　PyCharm 是一個程式碼的編輯器，PyCharm 可以讓在 Python 的程式碼編輯器中，會根據不同語法，自動縮排以及高亮度顯示等功能，點選「Next」後即會出現安裝完成的畫面。

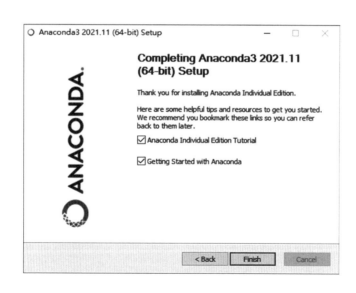

上圖為完成 Anaconda3 安裝的畫面，點選「Finish」後即結束 Anaconda 的安裝。

1.3.4 安裝 Visual Studio Code

Visual Studio Code 是目前相當受到程式撰寫者歡迎的編輯器，它是由微軟開發，並同時支援 Windows 、Linux 和 macOS 等作業系統的「免費」程式碼編輯器，支援偵錯，內建了 Git 版本控制功能，同時也具有開發環境功能，例如代碼補全（類似於 IntelliSense）、代碼片段和代碼重構等。尤其是其中有許多支援的程式套件，對於程式開發者有非常大的幫忙，對於 Python 語言也是有相關的套件支援，以下即介紹如何下載、安裝並建置 Python 語言的程式開發環境。

（一）下載並安裝 Visual Studio Code

安裝 Visual Studio Code 之前需要先前往 https://code.visualstudio.com/ 下載安裝程式，首頁如下圖所示。

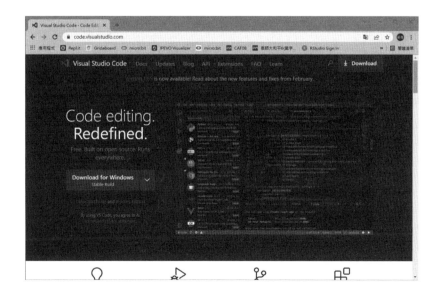

上圖為 Visual Studio Code 的首頁，點選「Download for Windows」即可下載安裝 Windows 作業系統中最新穩定版本的 Visual Studio Code 的軟體，撰寫此書時，Visual Studio Code 的最新版本是 1.65.1，請將安裝檔案下載至安裝目錄，如下圖所示。

點選所下載的 VSCodeUserSetup-x64-1.65.1.exe 安裝檔之後即可安裝，以下為 Visual Studio Code 安裝精靈的第一個畫面，如下圖所示。

　　請點選「我同意」Microsoft 軟體授權條款後，再點選「下一步」後即開始選擇 Visual Studio Code 安裝的目的資料夾，如下圖所示。

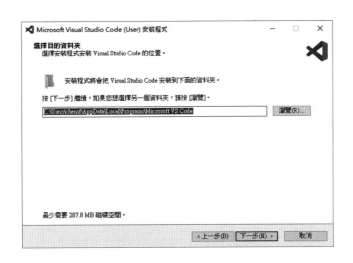

　　若使用者需要將 Visual Studio Code 安裝其他目錄時，請點選「瀏覽」後選擇安裝目錄，否則點選「下一步」的按鈕，選擇開始功能表的資料夾，安裝內定為在開始功能表中建立資料夾，若使用者不需要可以點選不要建立，選擇完成

後，開始選擇安裝 Visual Studio Code 的附加工作，如下圖所示。

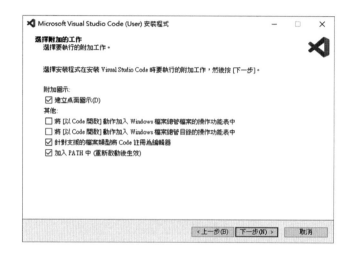

安裝 Visual Studio Code 的附加工作中，建議點選「建立桌面圖示」，以利日後執行時可以在桌面點選即可開啓 Visual Studio Code，選擇完成後請再點選「下一步」按鈕至檢視安裝 Visual Studio Code 的選項內容，如下圖所示。

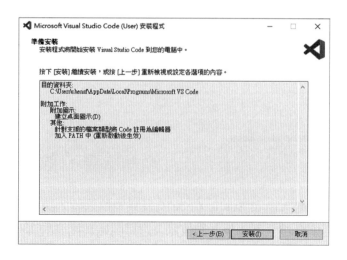

檢視時，若需要再修正，請點選「上一步」後修改，否則請點選「安裝」的按鈕後開始進行 Visual Studio Code 的安裝，如下圖所示。

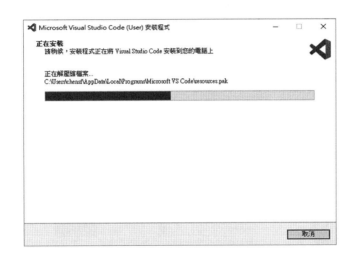

上圖為 Visual Studio Code 安裝的進度，若要取消可以在安裝進度未完成前點選「取消」按鈕來取消安裝，否則安裝進度完成後即會出現「安裝完成」的畫面，如下圖所示。

上圖為完成 Visual Studio Code 的安裝畫面，點選「完成」的按鈕後即會啓動 Visual Studio Code 的軟體畫面，若使用者不想安裝完之後即直接啓動，可以將啓動 Visual Studio Code 的選項取消。

（二）設定 Visual Studio Code 的自訂項目

安裝 Visual Studio Code 的色彩佈景主題內定是為深色系列，Visual Studio Code 安裝後首次啓動的畫面中即可自訂項目，如佈景主題選為淺色系列，如下圖所示。

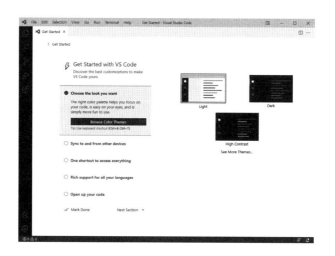

日後若需要更換色彩佈景主題，亦可點選「檔案（File）」→「喜好設定（Preferences）」→「色彩佈景主題（Color Theme）」後更改，選擇外觀選項後，點選下一個選項「Next Section」，可進行編輯功能的設定，如下圖所示。

　　完成後，若不想繼續設定可以點選標記完成「Mark Done」離開設定，或者繼續設定選擇如何利用螢幕空間來並排、垂直和水平開啓檔案，如下圖所示。

　　使用者完成設定後即可點選標記完成「Make Done」，當然上述的選擇都可以日後再加以調整，點選標記完成後即會出現 Visual Studio Code 的首頁，如下圖所示。

（三）安裝 Visual Studio Code 的 Python 語言套件

Visual Studio Code 內定並無開發 Python 語言的模組套件，開發 Python 語言時，建議至少安裝「Python 語言」模組套件，說明如下。

首先請在 Visual Studio Code 的編輯畫面中，選擇「延伸模組」的按鈕，如下圖所示。

請搜尋 Python 語言模組套件「Python」並安裝，如下圖所示。

此時請點選畫面中 Python 語言模組套件中的安裝「Install」，即可將此模組安裝至 Visual Studio Code 的編輯環境中，如下圖所示。

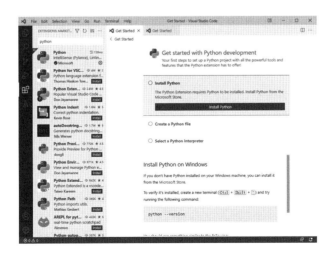

在 Visual Studio Code 中開始執行 Python 的程式編寫前，請先確認 Python 是否已經完成安裝，若沒有的話，使用者可以選擇安裝 Python 的編譯器，如上圖中的第 1 個選項後並安裝，但本範例之前已經於 1.3.1 介紹並完成 Python3.10.2 的安裝，所以請選擇「Select a Python Interpreter」，如下圖所示。

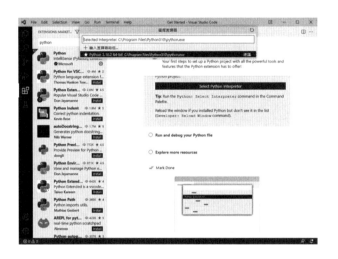

選擇建議的 Python 編輯器之後即可開始在 Visual Studio Code 的環境中執行 Python 程式的撰寫工作，以下即是在 Visual Studio Code 的編輯環境中，建立一個文字檔 demo01.py，並輸入 print("welcome to python") 的一行 Python 指令，點選執行「Run」功能後所呈現的執行結果。

　　Visual Studio Code 提供各國的語言套件可供使用者使用，安裝 Visual Studio Code 之後，會出現安裝語言套件以將顯示語言變更為中文 (繁體) 的選項，使用者只要點選安裝並重新啓動的按鈕，Visual Sudio Code 的使用介面即會轉換為中文繁體的介面，如下圖所示。

　　若日後需要再更換顯示的語系，可以直接按下「Ctrl+Shift+P」鍵，即會出現輸入設定的命令視窗，此時輸入「Configure Display Language」並選取設定命令，再選擇所要顯示的語系即可修改 Visual Studio Code 編輯環境的顯示語系。

　　以上的說明即完整地介紹 Visual Studio Code 的下載、安裝、環境設定、Python 語言相關套件的安裝與設定、執行。

1.4　執行 Python 相關程式

　　以下將說明如何執行 Python 的相關程式，包括 Python 的直譯程式、Python IDLE、IPython 交談式命令視窗、Spyder 程式編輯器、Command Prompt 命令提示視窗等。

1.4.1　執行 Python 直譯程式

　　安裝完 Python 後，點選開始→ Python 3.10 → Python 3.10(64-bit)，即會啟動 Python 直譯程式，畫面如下所示，>>> 為 Python 的作業提示符號，表示 Python 直譯程式已經準備好要接受 Python 程式，若輸入 print("Welcome") 後，再按 Enter，即會發現直譯程式會立刻執行該敘述並且出現執行結果。

　　上圖中，第一行是 Python 直譯程式與作業系統的資訊，如上圖所示，所執行的版本是 Python 3.10.2，第二行則是說明輸入 help、copyright、credits、license 則可以取得更多的資訊，第三行則是執行 print("Welcome") 的指令，第四行則是指令執行的結果。若要結束 Python 直譯程式，於提示符號後輸入 exit()，

再按 Enter 後即會結束。

1.4.2 Python IDLE

Python 的執行，除了直譯程式外，Python 官方所提供的整合開發環境（IDLE）更適合用來發展 Python 程式，Python IDLE 具有 100% 使用 Python 開發、所有平臺操作方式皆相同、具有多重文字編輯視窗以及內建偵錯器等特點，以下即說明 Python IDLE 如下所示。

安裝完 Python 後，點選開始→ Python 3.10 → IDLE (Python 3.10print 64-bit)，即會出現 Python IDLE 的視窗畫面，如下圖所示，在提示符號 >>> 之後輸入指令即會如直譯程式般執行所輸入的指令，但是這種互動模式雖然方便，可以立刻看到所執行的結果，但是這些在提示符號後所輸入的指令並無法儲存，也無法撰寫較複雜的指令程式碼，此時若利用腳本模式（script mode），先建立 Python 的程式碼檔案，然後再執行即可避免無法撰寫較複雜指令程式的情形。

上圖是 Python IDLE 互動模式的畫面，若要開啟腳本模式請點選 File 功能表中的 New File，即會出現文字編輯視窗，並可以在編輯視窗中輸入程式指令，以本範例為例，即輸入如下圖的三行指令。

　　程式碼輸入完成之後需要加以存檔才能執行，此時請點選 File → Save，然後將檔案存檔，請注意 Python 檔案的副檔名為 .py，存檔完成後點選功能表中的 Run → Run Module，或直接按 F5 鍵即可執行 Python 的程式檔案，此時 Python Shell 視窗即會出現執行結果，如下圖所示。

　　上圖中的 3 即為程式碼執行的輸出結果。利用 Python IDLE 的腳本模式所輸入的程式碼之編碼方式為 UTF-8，它是純文字檔，所以其實可以利用任何習慣的文字編輯器來加以編輯程式碼，例如記事本、VIM、NotePad++ 等，存檔時需要特別注意要將檔案的編碼方式選擇 UTF-8，再利用前述 Python 的直譯程式即可執行 Python 的程式，如下圖所示。

1.4.3 　IPython 交談式命令視窗

　　IPython 交談式命令視窗是 Python 命令視窗的加強版，其中可用交談模式執行使用者輸入的 Python 程式碼，除此之外，IPython 還提供了許多進階的功能讓使用者執行 Python 的程式碼。

　　安裝完 Winpython 後，開啟「D:\winpython3102\WPy64-31020」的安裝目錄中，點選 IPython Qt Console.exe 即可開啟 IPython 交談式命令視窗，如下圖所示。

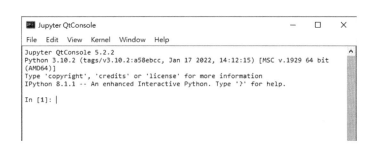

　由上圖可知，本程式的版本為 IPython 8.1.1，在命令提示符號後輸入「?」即會出現使用說明，並且若在變數、命令、函式或套件等名稱後加上「?」，就會顯示該項目的使用說明。

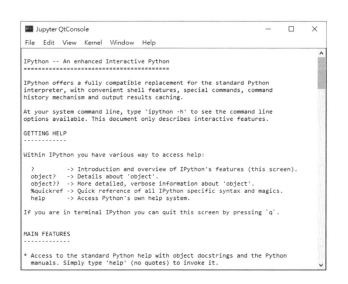

　以下為查詢 print 指令的功能語法，請輸入「print?」後，再輸入 ENTER。

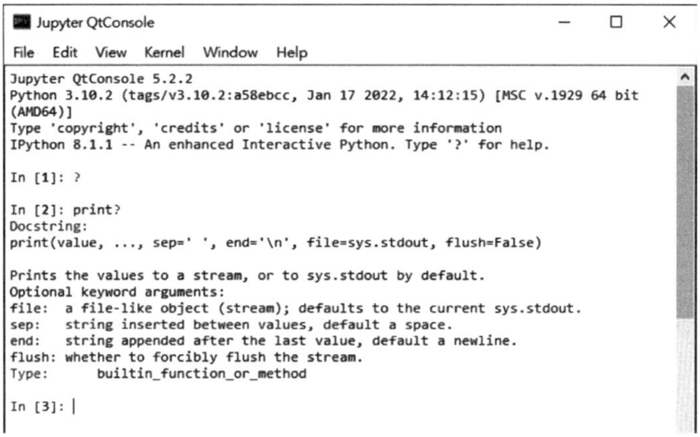

IPython 中的指令皆具有延續性，亦即可以連續來執行一連串的命令，例如要執行以下的程式碼。

```
1. x=3
2. y=7
3. print(x+y)
```

IPython 中執行的結果如下圖所示，請輸入上述的程式碼之後，最後的執行結果會出現 10。

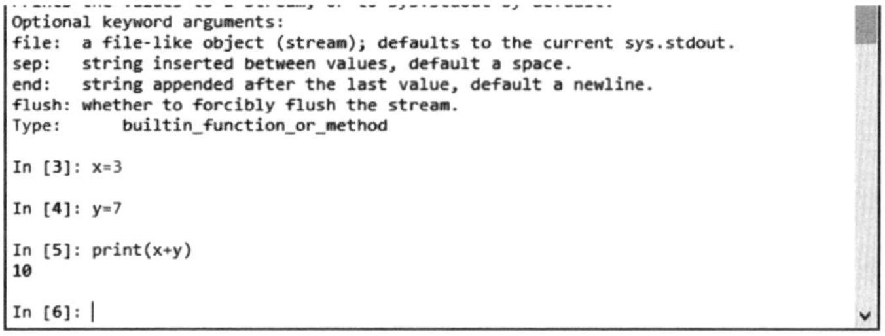

如果要重複使用程式碼，可以利用「↑」鍵來顯示上一行的程式碼，輸入

「↓」鍵來顯示下一行的程式碼，找到程式碼之後再加以修改可以大量的節省時間，修改完成後按「Enter」鍵即可執行。

若在命令提示符號下輸入「history」指令即可顯示已輸入過的所有程式碼，如下所示。

```
print(value, ..., sep=' ', end='\n', file=sys.stdout, flush=False)

Prints the values to a stream, or to sys.stdout by default.
Optional keyword arguments:
file:  a file-like object (stream); defaults to the current sys.stdout.
sep:   string inserted between values, default a space.
end:   string appended after the last value, default a newline.
flush: whether to forcibly flush the stream.
Type:      builtin_function_or_method

In [3]: x=3

In [4]: y=7

In [5]: print(x+y)
10

In [6]: history
?
print?
x=3
y=7
print(x+y)
history

In [7]:
```

IPython 交談式命令視窗中，若要執行 Python 程式檔案時，只需要在命令提示符號後輸入 %run「Python 程式檔案」即可，例如若要執行「d:\source\」目錄下的 ex01_03.py 時，只需要在命令提示符號後輸入 %run d:\source\ex01_03.py 即會執行所指定的 Python 檔案，如下圖所示，執行 ex01_03.py 後，執行結果為 3。

```
print?
x=3
y=7
print(x+y)
history

In [7]: %run d:\source\ex01_03.py
3

In [8]:
```

1.4.4 Spyder 程式編輯器

Python 常見的開發環境軟體中，都會包括 Spyder 程式編輯器，而 WinPython 與 Anaconda 等 2 種本地端的開發環境軟體，都將此程式編輯器包括其中，Spyder 中除了可以撰寫與執行 Python 的程式之外，還提供簡單智慧輸入及功能強大的除錯功能，除此之外，Spyder 還內建了 IPython 的命令視窗，可以說功能相當地完整，以下將說明介紹 Spyder 的啟動、智慧輸入功能、程式除錯等說明如下。

安裝完 Winpython 後，開啟「D:\winpython3102\WPy64-31020」的安裝目錄中，點選 Spyder.exe 即可開啟 Spyder 程式編輯器視窗，以下圖為例。

上圖即為 Python 的程式編輯器視窗，包括「程式編輯區」、「命令視窗區」以及「物件、變數與檔案瀏覽區」等 3 個區塊。

1. 開新檔案或開啟舊檔

啟動 Spyder 之後，若要開啟檔案可以點選「Fille\Open」或點選工具列中的開啟檔案圖案即可開啟，當然若是要新增檔案可點選「File\New File」或是點選工具列相對的圖示即可新增檔案。

2. 檔案瀏覽器

Spyder 提供檔案瀏覽器的面板讓程式設計者管理檔案，在檔案瀏覽器中即可快速開啓檔案，在右上方面板區點選「File explorer」標籤即可切換至目前工作目錄下的檔案瀏覽區，如下圖所示。

檔案瀏覽器的右上角有個選擇目錄的圖示（Browse a working dictory），點選這個圖示即可選擇目前的工作目錄（上圖範例爲 D:\python\book），此時點選目錄中的檔案即可直接開啓。

3. 執行 Python 程式

Spyder 程式編輯器中若要執行程式，可以點選「Run\Run」或者是點選工具列的執行圖案亦可，而執行結果即會在命令視窗中加以顯示，如下圖所示。

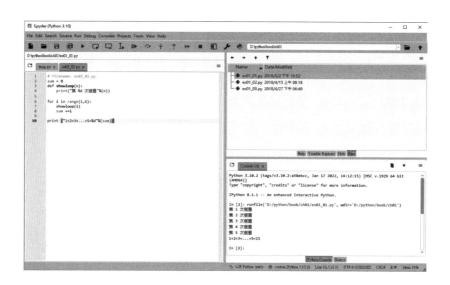

4. Spyder 智慧輸入

Spyder 智慧輸入的功能與 IPython 互動式的命令視窗大同小異，但操作方式比 IPython 交談式命令視窗更為方便，程式設計者在 Spyder 程式編輯區中輸入部分文字後按 Tab 鍵，系統會自動列出所有可用的項目讓程式設計者選取，而列出的項目除了內建的命令之外，還包括自行定義的變數、函式與物件等，而使用者亦可利用「↑」、「↓」鍵來移動選取項目，找到正確的項目之後再按「Enter」鍵就完成輸入。

5. 程式除錯功能

Spyder 中輸入 Python 的程式碼時，系統會隨時檢查語法是否正確，若有錯誤會在該列程式中的左方標示驚嘆號的圖示（!），將滑鼠移到該圖示時，即會提示系統所檢查出來的錯誤訊息。但是即使程式碼的語法都完全正確，執行時仍可能會發生一些無法預期的錯誤，不過 Spyder 的除錯工具相當強大，足以應付大部分的除錯狀況。

Spyder 中可以利用 F12 鍵來設定中斷點，或者是在該程式列的左方快速按滑鼠兩下，程式列會顯示紅點即代表中斷點設定完成，中斷點的設定可以允許多個以上的中斷點。

　　點選工具列中的 Debug 按鈕或者利用 Ctrl+F5 即會進入除錯模式來執行程式，程式執行到中斷點時會停止，而此時利用 Spyder 編輯器右上方點選 Variable explorer（變數探索）標籤，即會顯示目前所有的變數資料讓程式設計者檢視除錯，另外，Spyder 具有一個除錯工具列，如下圖所示，利用此工具列，程式設計者可視需求來加以執行，再配合 variable explorer 即可達成除錯的任務。

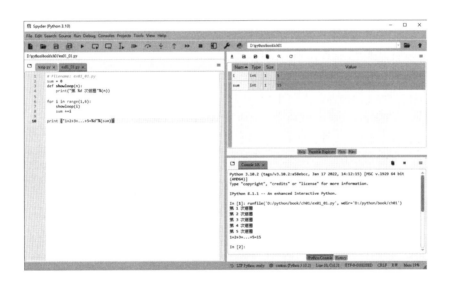

1.4.5　WinPython Command Prompt

　　WinPython Command Prompt 命令視窗類似於 Windows 作業系統中的命令提示字元，可以輸入命令，按 Enter 就會執行所輸入的命令，WinPython Command Prompt 命令視窗可以在 Winpython 安裝完成後，選擇「D:\winpython3102\WPy64-31020」的安裝目錄中，點選 WinPython Command Prompt.exe 即可開啟，以下圖為例。

WinPython Command Prompt 命令視窗最常用的功能即是查詢目前所安裝的套件，或者是安裝套件等，而顯示目前 Python 所安裝的套件可利用 pip list 指令來加以完成，如下所示。

```
>pip list
Package                  Version

adodbapi                 2.6.1.3
affine                   2.3.0
aiofiles                 0.8.0
aiohttp                  3.8.1
aiosignal                1.2.0
aiosqlite                0.17.0
alabaster                0.7.12
alembic                  1.7.5
algopy                   0.5.7
altair                   4.2.0
altair-data-server       0.4.1
altair-transform         0.2.0
altair-widgets           0.2.2
altgraph                 0.17.2
略 ...
```

1.5　Python 雲端開發環境

以下將介紹 PythonAnywhere、TutorialsPoint、repl.it、Colaboratory 等四種 Python 雲端開發環境。

1.5.1　PythonAnywhere

　　PythonAnywhere 是 Python 的雲端開發環境，可從 Python 的官方網站中
（http://www.python.org/）登入，Python 官方網站中的首頁即有連結可以執行
Python 的互動模式（Launch Interactive Shell），如下圖所示。

　　點選上圖的「Launch Interactive Shell」之後即會出現 Python 的提示符號，
此時即可進行雲端的 Python 互動模式，如下圖所示。

　　上圖 Python 的雲端執行環境中，只要在命令提示符號（>>>）後，輸
入 Python 的指令，即可執行，上圖中即輸入「print("welcome")」後，再輸入

Enter，所出現的「welcome」即為執行結果。

上圖的右下角有 PythonAnywhere 的連結，點選之後即會進入 Python Anywhere 的網站，使用者亦可以直接於瀏覽器輸入 https://www.pythonanywhere.com/ 來登入 pythonanywhere，網站首頁如下圖所示。

PythonAnywhere 這個網站可以讓使用者直接在雲端執行 Python，使用者註冊之後即可免費使用 Python，但是免費版本功能稍有侷限，每天只能執行 100 秒的 Python 程式，但若要更完整的功能，可以選擇付費版本，以下為註冊之後每次登入 PythonAnywhere 網站的畫面。

PythonAnywhere 可以選擇開啟各種 Python 版本的 Console，進入 Console 執行 Python 程式，而免費版本限制同時只能開啟兩個 Console。

檔案管理中，可以線上編輯 Python 的程式碼檔案，也可以自行上傳已寫好的 Python 檔案。PythonAnywhere 也提供 Web Hosting 的功能，可以託管用 Python 寫的網頁程式，免費版本只能開一個 Web App，也不能自訂網域名稱。PythonAnywhere 也具有排程（Scheduler）的功能，可執行批次程式，免費版本每天有 100 秒的執行時間限制。另外，PythonAnywhere 提供後端資料庫的平臺，免費版本只能使用 MySQL，Postgres 是付費版本才有。

1.5.2　TutorialsPoint

TutorialsPoint 針對 C，C++，Java，Python，R，C#…等語言都提供支援，讓程式設計者可以在線上編寫程式碼、執行程式碼、除錯、或下載原始碼。開啟瀏覽器後在網址列輸入 https://www.tutorialspoint.com/codingground.htm 即可進入 TutorialsPoint 的雲端程式設計首頁，如下圖所示。

網頁往下拉選至 Online Compilers and Interpreters 即可出現 TutorialsPoint 雲端所提供的語言介面，如下圖所示。

點選 Python 3 圖示即會出現雲端程式設計介面，如下圖所示。

TutorialsPoint 的內容豐富，介面華麗，針對已經是有經驗的程式設計師，可以嘗試使用 TutorialsPoint 來進行 Python 的程式設計。

1.5.3　repl.it

　　repl.it 是另外一種可在雲端執行 Python 程式的開發環境，repl.it 的語言程式雲端開發環境網址爲 https://replit.com/templates，下圖爲 repl.it 的首頁，可以在首頁選擇所要使用的語言。

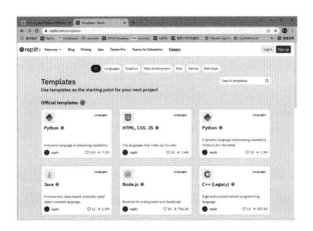

　　點選語言中 Python 之後即會出現 Python 的互動式畫面，此時若沒有登入帳號時，則會要求登入線上系統，如下圖。

　　若是首次登入則可以選擇創建一個新帳號或者是使用 google、Github、Facebook 的帳號登入，登入後即會進入 Python 線上程式編寫的畫面，如下圖。

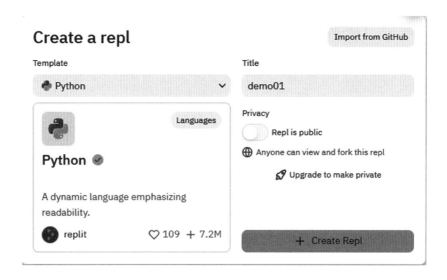

　　編寫 Python 程式開始，要求輸入程式的標題，輸入如上圖，本範例輸入
demo01，完成後輸入 Create Repl 後即會輸入如下的編輯畫面。

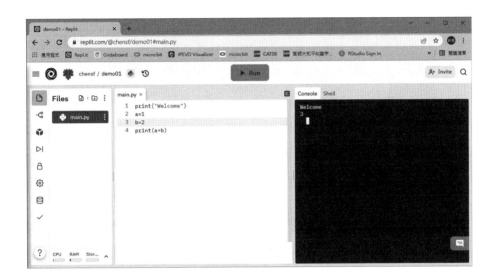

　　上圖中的左半部為程式碼輸入的區域，上圖中輸入 4 行程式碼，輸入完成之
後點選執行按鍵即會將程式執行結果呈現在右半部的區塊中。

　　repl.it 的介面雖然樸素，但簡單大方，程式設計該有的功能大部分都有，是
非常建議初次接觸程式設計的使用者入門使用。

1.5.4　Colaboratory

　　Colaboratory 是 Google 所發展一種可在雲端執行 Python 程式的開發環境，
Colaboratory 的語言程式雲端開發環境網址為 https://colab.research.google.com/。
Google Colaboratory 是 Google 的一個研究專案，主要目的是想要幫助機器學習
和教育的推廣，它提供 Jupyter Notebook 服務的雲端環境，無需額外的設定就可
以撰寫 Python 與執行，現在還提供免費的 GPU，另外 Google Colaboratory 預裝
了一些做機器學習常用的套件，像是 TensorFlow、scikit-learn、pandas，讓使用

者可以直接使用，使用者也可以安裝個人需要的套件，下圖為 Colaboratory 的首頁。

　　使用 Colaboratory 的第一步是登入 Google Colaboratory，登入時需要輸入 Google 帳號，輸入 https://colab.research.google.com/ 登入後即會出現 Colaboratory 的初始頁面，之後輸入檔名，選擇右下角的「新建 PYTHON3 筆記本」即可開始編輯 Python 程式，如果使用者對於使用 Jupyter Notebook 熟悉的話，基本上 Colaboratory 的操作是完全一樣的。

　　雖然 Google Colaboratory 已經預裝許多實用的套件，但是若使用者需要使用的套件沒有安裝的，使用者可以利用 pip 來進行安裝，只要將下述的指令在 jupyter notebook 輸入執行，即可順利安裝個人需要的套件。

```
!pip install <your-package>
```

習題

01. 請說明 Python 程式語言的主要特色為何？

02. 請由網際網路中找尋適合 Python 程式設計的一種雲端環境？並請說明適合的理由為何？

變數與資料型態

2.1 變數

變數為電腦作業系統中所配置記憶體用來存放資料的內容，在程式執行的過程中，可以改變變數的內容，變數在電腦作業系統中主要是由四個部分所組成，分別是資料儲存在記憶體中真實位址的「變數位址」、程式設計人員利用意義的英文，來替代「記憶體位址」而存取記憶體中資料的「變數名稱」、資料儲存在記憶體值的「變數內容」以及變數可儲存值的型態，以及決定變數使用記憶體的大小及儲存資料類型的「變數型態」。以下將說明 Python 如何建立變數以及其命名規則為何。

2.1.1 建立變數

Python 中所使用的變數不需要宣告即可使用，其語法如下所示。

變數名稱 = 變數內容

例如要建立一個成績的變數名稱「score」，其中的變數內容為「98」，即可表示如下。

score = 98

請注意，在 Python 中建立變數時，並不需要指定其變數型態，Python 會根據變數內容來加以設定變數型態，例如上述的成績變數名稱「score」，其變數內容為「98」，變數型態則系統會設定為整數（integer，int），例如下列為字串變數型態。

city = " 屏東縣 "

如果要建立變數時，有多個變數需要同時建立，若變數內容相同時，可以同時建立，如下所示。

p1 = p2 = p3 = 60

若變數內容不相同時，則可如下表示。

p1, p2 = 60, 80

p1, p2, c1 = 60, 80, " 高雄市 "

上述中 p1、p2 是整數，變數內容分別是「60」與「80」，至於 c1 則是字串，變數內容則為「高雄市」。

如果變數不再使用時，Python 程式語言中可以將變數加以刪除，刪除變數的語法如下所示。

---

del 變數名稱

例如要將上述中的 score 變數加以刪除，則可以表示如下。

del score

2.1.2　命名規則

Python 程式碼中變數的命名必須遵守一定的規則，說明如下。

1. 第一個字母必須是英文

變數名稱的第一個字母必須是英文（大小寫皆可）、底線（_），但是不可以是數字或者是其他符號。

2. 中文字亦可為變數名稱

Python 3.x 之後的版本，中文字也可以用在變數名稱，不過在程式設計的國際化中，還是建議避免利用中文字來命名變數。

3. 第一個字母後不可為符號

第一個字母之後的其他字元必須是英文（大小寫皆可）、底線（_）、數字或者是中文。

4. 英文大小寫代表不同變數

Python 程式語言會區分英文大小寫，亦即大小寫的英文字母代表不同的變數名稱。

5. 不能使用保留字命名變數

變數名稱不能與 Python 內建的保留字相同，例如 True、False、for、while、if、else、import、break 等。

2.2 輸出與輸入

程式語言的輸出與輸入是必備的基本功能，程式執行結果需要以輸出讓使用者了解，另外輸入則是在程式的互動中，使用者輸入資料來完成後續的程式處理，以下將分別說明 Python 中輸出與輸入的命令。

2.2.1 輸出

Python 程式語言中的輸出主要是「print」指令，以下將說明 print 指令、「%」參數格式化、「format」格式化等內容。

1. Print 輸出命令

Python 的輸出指令主要是利用 print 指令，其語法如下所示。

```
print(value[, ..., sep=' ', end='\n', file=sys.stdout, flush=False])
```

詳細內容說明如下。

value，...：print命令一次可輸出多個內容資料，而內容之間則以「,」來分開。

sep：分隔字元，如果需要輸出多個內容，內容之間以分隔符號來加以區隔，預設值為空白字元。

end：結束字元，表示輸出結束後自動加入的字元，預設值為換行字元（"\n"），若未指定時，print 輸出命令執行後即會自動換行。

file：輸出的目標，內定是 sys.stdout，亦即是螢幕輸出。

flush：若是將輸出結果寫入檔案時，flush=True 代表強制把緩衝區裡的內容寫入檔案，亦即不用關閉檔案即可寫入。

　　print 指令的參數中，除了 value 參數必要之外，其餘皆是選項參數，以下將以數個範例來說明 print() 函式。

```
print("Welcome to TAIWAN")
```

　　程式輸出結果如下。

```
Welcome to TAIWAN
```

```
print("Welcomt to Pingtung","Pingtung is a good place.", sep=",")
```

　　程式輸出結果如下。

```
Welcomt to Pingtung,Pingtung is a good place.
```

```
print("Welcome to Pingtung", end=",")
print("Pingtung is a good place.")
```

　　程式輸出結果如下。

```
Welcomt to Pingtung,Pingtung is a good place.
```

　　以下為 Python 程式語言中，將輸出內容寫至檔案的範例，如下所示。

```
1. fp = open("test.txt","w")
2. print("Welcome to Taiwan", file=fp)
3. fp.close()
```

上述範例程式中，第 1 行為開啓一個可寫入的檔案，檔案名稱為 test.txt，第 2 行則是將輸出結果寫入檔案，第 3 行檔案關閉，資料寫入檔案。

```
1. fp = open("test.txt","w")
2. print("Welcome to Pingtung", file=fp, flush=True)
3. fp.close()
```

本範例與上一個範例僅有的差異在於 flush=True 這個參數，亦即範例中的第 2 行，因為有 flush=True 這個強制將緩衝區裡內容寫入檔案的參數，所以執行到第 2 行時即會將 "Welcome to Pingtung" 這個字串寫入 test.txt 這個檔案，而不用等到第 3 行檔案關閉時才寫入。關於檔案的操作內容，請於第 8 章檔案與例外章節中再詳細說明。

2.「%」參數格式化

Print 的命令中可以結合參數格式化的功能，語法如下所示。

print(value % (參數列))

常見的參數及其意義如下表所示。

參數	意義
%%	字串中顯示 %
%d	顯示整數資料型態
%f	顯示浮點數資料型態
%s	顯示字串資料型態
%e	顯示科學記號資料型態

利用上述的參數，結合 print 指令可以在輸出時達到格式化的效果，例如以

參數格式化的結果來輸出字串與整數資料型態，如下所示。

```
name = "楊小明"
score = 90
print ("%s 的成績為 %d" % (name, score))
```

　　程式執行結果如下所示。

```
楊小明的成績為 90
```

　　上述是利用 %s 來輸出字串的變數，%d 來輸出整數的變數，若再加上數字時，參數格式化可以使得輸出時得以精確地控制輸出的位置，讓輸出資料排列整齊，如下所示。

```
price = 78.90
print(" 這個月豬肉的價格每臺斤 %8.2f 元 "%price)
print(" 這個月豬肉的價格每臺斤 %-8.2f 元 "%price)
```

　　程式執行結果如下所示。

```
這個月豬肉的價格每臺斤     78.90 元
這個月豬肉的價格每臺斤 78.90     元
```

　　上述的參數格式 %8.2f，表示是固定列印 8 字元（含小數點），小數點則占有 2 個字元，若整數少於 3 位數，則會在數字左方填入空白字元，若小數少於 2 位數，會在數字右方填入「0」字元。

　　另外一個參數格式 %-8.2f，格式中的數值是負數，表示若是需要填入空白字元時，會填在右方，而不是左方。

3.「format」格式化

format 格式化的方法配合 print 指令仍然可以將所輸出的資料格式化，其語法中是以「{}」來表示參數的位置，語法如下所示。

```
print(value.format( 參數列 ))
```

範例如下所示。

```
name = " 楊小明 "
score = 90
print ("{} 的成績爲 {}".format(name, score))
```

程式執行結果如下所示。

```
楊小明的成績爲 90
```

隨堂練習 ex02_01.py

請協助楊老師需要利用 print() 函式中，參數格式化的方式整齊地列印出班級在閱讀理解測驗上的表現（提取、推論、詮釋），需要印出的表單如下所示。
[執行結果]

```
姓　名　提取　推論　詮釋
陳大同　89.00　99.00　88.00
楊小明　77.50　89.00　77.50
陳時雨　66.75　99.25　88.50
李婉玲　76.75　84.50　88.00
林研時　89.25　99.50　89.25
```

[程式碼]

```
1. print(" 姓　名　提取　　推論　詮釋 ")
2. print("%3s %4.2f %4.2f %4.2f"%(" 陳大同 ",89.00,99.00,88.00))
3. print("%3s %4.2f %4.2f %4.2f"%(" 楊小明 ",77.50,89.00,77.50))
4. print("%3s %4.2f %4.2f %4.2f"%(" 陳時雨 ",66.75,99.25,88.50))
5. print("%3s %4.2f %4.2f %4.2f"%(" 李婉玲 ",76.75,84.50,88.00))
6. print("%3s %4.2f %4.2f %4.2f"%(" 林研時 ",89.25,99.50,89.25))
```

[程式說明]

　　第 1 行列印報表的標題列，第 2 行至第 6 行中，顯示時姓名占 3 個字元，提取、推論與詮釋等 3 個欄位各占 4 個字元，其中小數點占 2 個字元。

2.2.2　輸入

　　Python 中若要讀取使用者所輸入的資料，可以利用 input() 這個內建函數來加以完成，語法如下所示。

　　變數名稱 = input(prompt=None, /)

　　上述中 input() 函數式會將使用者所輸入的內容，傳回所指定的變數之中，而且所傳回的資料型態是為字串的資料型態，若使用者輸入數字，所傳回的資料也是屬於「數字字串」，而不是數值型態資料，若使用者希望獲得數值型態的變數，則可以利用 int() 或者是 float() 強制轉換為數值資料型態，如下範例所示。

```
math = input(" 請輸入數學成績資料：")
print(math)

math=int(input(" 請輸入數學成績資料："))
chinese=int(input(" 請輸入國語成績資料："))
print(math+chinese)
```

或者是改為下列，與上述執行結果相同的程式碼。

```
math=input(" 請輸入數學成績資料：")
chinese=input(" 請輸入國語成績資料：")
print(int(math)+int(chinese))
```

隨堂練習 ex02_02.py

楊老師的班級剛完成期中考，請設計一個輸入國語、數學與英文三科成績的程式，並且輸入完成後提供計算總分的功能。

[程式畫面]

```
請輸入國語成績:87
請輸入數學成績:92
請輸入自然成績:99
國語成績  87.00 數學成績  92.00 自然成績  99.00 三科總分 278.00
```

[程式碼]

```
1. chinese = float(input(" 請輸入國語成績:"))
2. math = float(input(" 請輸入數學成績:"))
3. science = float(input(" 請輸入自然成績:"))
4. print(" 國語成績 %6.2f 數學成績 %6.2f 自然成績 %6.2f 三科總分 %6.2f "%(chinese,
   math, science, chinese+math+science))
```

[程式說明]

第 1 至 3 行是利用 input 來輸入國語、數學以及自然成績，並且利用 float 將輸入資料轉為浮點數的資料型態。

第 4 行將所輸入的國語、數學、自然與 3 科總分輸出。

2.3 資料型態

Python 程式語言常用的資料型態可以分為數值、字串以及布林型態，說明如下。

2.3.1 數值型態

Python 的數值型態主要包括整數、浮點數、複數，其中的浮點數又包括 float 與 decimal 等 2 種。

1. 整數

Python 的整數並沒有最大值與最小值的限制，而整數即是不含浮點數的數值，如下所示。

score = 98

整數預設是用十進位來加以顯示，若是需要採用二進位、八進位或者是十六進位時，可表示如下。

(1) 二進位

0b 或者是 0B，例如 0b1011 表示十進位的 11，$11=1\times2^0+1\times2^1+0\times2^2+1\times2^3=1+2+0+8$。

```
In [1]: 0b1011
Out[1]: 11
```

(2) 八進位

0o 或者是 0O，例如 0o1017 表示十進位的 527，$527=7\times8^0+1\times8^1+0\times8^2+1\times8^3=7+8+0+512$。

```
In [1]: 0o1017
Out[1]: 527
```

(3) 十六進位

0x 或者是 0X，例如 0x101A 表示十進位的 4122，$4122=10×16^0+1×16^1+0×16^2+1×16^3$=10+16+0+4096，十六進位中，A 表示 10，B 表示 11，C 表示 12，D 表示 13，E 表示 14，F 表示 15。

```
In [1]: 0x101A
Out[1]: 4122
```

2. 浮點數

浮點數即是帶有小數點的整數，由於浮點數計算時會有誤差，因此要比較二個浮點數是否相同，不可以直接比較二個浮點數是否相同，而是要將這二個浮點數相減，檢查得到的值是否在誤差範圍之內，如果是則表示這二個浮點數相同，浮點數的範例如下所示。

```
In [1]: f1=0.23
In [2]: f2=0.37
In [3]: f1+f2
Out[3]: 0.6
```

Decimal 浮點數的建立必需使用「數字字串」，亦即 Decimal 浮點數必需要利用單引號或者是雙引號將數字括起來，Decimal 浮點數如果要與一般的浮點數計算，必須要先轉換為一般浮點數的型態，不過，Decimal 浮點數可以直接和整數一起運算，範例程式碼如下所示。

```
import decimal as dec
d1 = dec.Decimal('1234567890.12345678901234567890')
d2 = dec.Decimal('1E-17')
print(d1+d2)
```

執行結果如下所示。

```
1234567890.123456789012345689
```

3. 複數

複數包括實數與虛數二個部分，格式為「實數 + 虛數 j」，最後的字母 j 也可以更換為大寫 J，實數與虛數部分可以使用整數或者是浮點數，範例程式碼如下所示。

```
c1 = 7+8.9j
c2 = 5+0.2j
print(c1+c2)
```

執行結果如下所示。

```
12+9.1j
```

2.3.2　字串型態

Python 中字串型態的字串是用單引號「'」或者是雙引號「"」括起來的資料，其中若是數字型態的整數用單引號或者是雙引號括起來仍視為字串，而不是整數，範例如下所示。

```
str1 = " 屏東縣 "
str2 = " 屏東縣的墾丁又被稱為 ' 國境之南 ' "
```

字串中若需要包括特殊的字元，例如換行等，則可在字串中利用脫逸字元，脫逸字元是以「\」爲開頭，隨後跟著一定格式的特殊字元代表特定意義，例如「\n」代表換行、「\'」代表單引號、「\"」代表雙引號、「\t」代表 Tab、「\\」代表反斜線、「\f」代表換頁，範例如下所示。

```
str3 = " 屏東大學教育學系教育研究法 \n 專題研究 "
print(str3)
```

執行結果如下所示。

```
屏東大學教育學系教育研究法
專題研究
```

此時會發現輸出的結果爲二行，其中「專題研究」會換行出現在下一行。

2.3.3 布林型態

布林型態是記錄某一個邏輯運算結果，會有二種可能的值，分別是「True」與「False」，範例程式碼如下所示。

```
b1 = True
b2 = False
```

其中 b1 代表是眞，b2 代表是假。

2.3.4 資料型態轉換

程式設計中變數的轉換相當重要，運算時若資料型態不符時往往會導致程式出錯，因此通常相同的資料型態才能加以運算，Python 針對資料型態會進行自動轉換，例如整數與浮點數運算，Python 會將整數的資料型態先轉換爲浮點數後再加以運算，當然運算結果則爲浮點數的資料型態，如下所示。

```
sum1 = 12+6.7
print(sum1)
```

執行結果如下所示。

```
18.7
```

上述的 18.7 即是浮點數。

當數值與布林值運算，Python 會將布林值轉換爲數值再加以運算，其中的 True 爲 1，False 爲 0，範例如下所示。

```
sum2 = 7+True
print(sum2)
```

執行結果如下所示。

```
8
```

假如 Python 無法自動轉換資料型態時，則需要利用資料型態轉換函數來進行資料型態的轉換，Python 資料型態轉換的函數主要有 int()、float()、str() 等。

1. int()

int() 是將資料型態轉換爲整數的資料型態，範例如下所示。

```
sum3 = 23+int("72")
print(sum3)
```

執行結果如下所示。

```
95
```

2. float()

float() 是將資料型態轉換為浮點數的資料型態，範例如下所示。

```
sum4 = 23+float("72.3")
print(sum4)
```

執行結果如下所示。

```
95.3
```

3. str()

str() 是將資料型態轉換為字串的資料型態，範例如下所示。

```
math = 79
print(" 楊小明的數學成績為 :"+str(math))
```

執行結果如下所示。

```
楊小明的數學成績為 :79
```

2.4　運算式

運算式是由運算符號（Operator）與運算資料（Operand）所組成，其中的運算資料又稱為運算元，可以是常數、變數、函數或運算式；運算符號又稱為運算子，為運算式中介於運算資料之間的符號，主要的功能即是針對整數、浮點數等執行加減乘除等運算，運算子一般可分為指定運算子、算術運算子、關係運算子、邏輯運算子及複合指定運算子，分別說明如下。

2.4.1　指定運算子

指定運算子即是「=」，「=」在數學的運用中有「指定」與「比較」的功能，但是在 Python 中，等號就是指定的功能，因為「=」稱為指定運算子，程式語法如下所示。

> 變數＝變數、值或者是運算式等

程式語言中，指定運算子就是讓左邊的變數使用右邊的變數、值或者是運算式的值，運算時先計算右邊的值，之後再將右邊的值存入至左邊的變數中，範例如下。

```
math = 60
```

上述中是將 60 這個值指定給 math 這個變數。

```
chinese = 80
```

上述中是將 80 這個值指定給 chinese 這個變數。

```
score = math+chinese
```

上述中是將 math 與 chinese 這個 2 個變項運算後的值 (80+60=140)，再指定給 score 這個變數。

```
math = math+10
```

上述中的運算式在數學中是不存在的，但是在程式語言中卻是存在的，其意義是將右邊的 math 變數的值 (60) 再加上 10 之後的值 (60+10=70)，再指定給 math 這個變數，所以此運算式的結果 math 這個變數的值就被指定為 70 了。

2.4.2 算術運算子

Python 算術運算子總共有 7 個，分別列述如下表。

運算子	意義	範例	運算結果
+	相加	15+3	18
-	相減	15-3	12
*	相乘	3*5	15
/	相除	6/4	1.5
%	取得餘數	6%4	2
//	取得商數	6//4	1
**	計算指數	3**2	9

算術運算子是屬於二元運算子，亦即需要二個運算資料才能運算，另外在算術運算子的優先順序和數學的運算式完全相同，由左至右運算，「//」、「%」等這二個運算子的優先順序與乘除相同，「**」計算指數運算子的優先順序最

高，特別需要注意的是，計算指數是從右邊開始計算，例如：5**3**2 需要先計算 3**2 之後再計算 5**9。

　　上述 7 個 Python 的算術運算子中，「/」、「%」、「//」三個運算子與除法有關，所以二個運算子的第二個運算子不能為 0，否則會出現錯誤。

隨堂練習　ex02_03.py

　　計算圓形與圓周長面積，請撰寫一個程式，利用以下的公式，計算出半徑為 10 的圓形面積與周長。

　　圓形面積 = 半徑 × 半徑 ×3.14

　　圓周長 =2× 半徑 ×3.14

[程式碼]

```
1. pvalue = int(input("請輸入半徑:"))
2. result1 = pvalue*pvalue*3.14
3. result2 = 2*pvalue*3.14
4. print("當半徑為 %d 時，圓面積為 %6.2f，圓周長為 %6.2f"%(pvalue, result1,
   result2))
```

[執行結果]

```
請輸入半徑:10
當半徑為 10 時，圓面積為 314.00，圓周長為 62.80
```

2.4.3　關係運算子

　　關係運算子即是比較數值大小的運算符號，因為是用來比較資料的大小關係，所以稱為關係運算子，亦稱為比較運算子。Python 中有 6 個關係運算子，分別列述如下表所示。

運算子	意義	範例	運算結果
==	是否相等	(12+3==11+2)	False
!=	是否不等	(12+3!=11+2)	True
>	大於	12+3>11+2	True
<	小於	12+3<11+2	False
>=	大於等於	12+3>=11+2	True
<=	小於等於	12+3<=11+2	False

隨堂練習 ex02_04.py

請輸入一個年齡變項，輸出是否大於 30 歲。

[程式碼]

```
1. pvalue = int(input("請輸入年齡:"))
2. print(pvalue>=30)
```

[執行結果]

```
請輸入年齡:10
False
請輸入年齡:50
True
```

2.4.4 邏輯運算子

邏輯運算子是結合多個關係運算式後，綜合判斷最後的結果，一般用於比較複雜的比較判斷，Python 的邏輯運算子總共有 3 個，分別列述如下表所示。

運算子	意義	範例	運算結果
not	與運算資料相反的結果	not(4>6)	True
and	二個運算資料皆成立	(7>5)and(4>6)	False
or	二個運算資料中只需任一個成立	(7>5)or(4>6)	True

　　「and」是需要二個運算資料皆要成立才傳回 True，相當於數學中的交集；而「or」只要二個運算資料中任一個成立即傳回 True，所以相當於數學中的聯集。

隨堂練習　ex02_05.py

　　請撰寫一個程式，若年齡大於40，而且小於等於50時，會顯示出「壯年」。

[程式碼]

```
1.  pvalue = int(input(" 請輸入年齡:"))
2.  if (pvalue>=40 and pvalue<=50):
3.      print(" 年齡 %d，屬於壯年 "%(pvalue))
4.  else:
5.      print(" 年齡 %d，不屬於壯年 "%(pvalue))
```

[執行結果]

```
請輸入年齡:10
年齡 10，不屬於壯年
請輸入年齡:42
年齡 42，屬於壯年
```

[程式說明]

　　邏輯運算的程式中，一般會配合判斷的程式指令，上述的程式中，if...else... 即是判斷的指令，將於下一個章節中詳細說明。

2.4.5 複合指定運算子

複合指定運算子的目的在於縮短算術運算式，亦即結合算術運算子與指定運算子，亦稱為算術指定運算子，Python 總共有 7 個複合指定運算子，分別列述如下表所示，其中的 i 其初始值為 6。

運算子	意義	範例	運算結果
+=	相加指定	i+=4	10
-=	相減指定	i-=4	2
*=	相乘指定	i*=4	24
/=	相除指定	i/=4	1.5
%=	餘數指定	i%=4	2
//=	商數指定	i//=4	1
**=	指數指定	i**=4	1296

簡單地說，複合指定運算子同時執行「運算」與「指定」的程序。

隨堂練習 ex02_06.py

假設 x=3，以下的每一個運算式都是獨立無關的，試問下列的運算式輸出結果為何？

x += 5

x -= 5

x *= 5

x /= 5

x %= 5

x //= 5

x **= 5

[程式碼]

```
1.  x = 3
2.  x += 5
3.  print(x)
4.  x = 3
5.  x -= 5
6.  print(x)
7.  x = 3
8.  x *= 5
9.  print(x)
10. x = 3
11. x /= 5
12. print(x)
13. x = 3
14. x %= 5
15. print(x)
16. x = 3
17. x //= 5
18. print(x)
19. x = 3
20. x **= 5
21. print(x)
```

[執行結果]

```
8
-2
15
0.6
3
0
243
```

2.4.6 運算子的優先順序

　　Python 的運算子包括指定運算子、算術運算子、關係運算子、邏輯運算子、複合指定運算子，程式語言中往往運算式會綜合上述各種運算子，因此務必了解運算子的優先順序，面對複雜的運算式，才不會有手足無措的感覺，下述為常見運算子的優先順序。

運算子	優先順序
( ) 括號	1
+(正號)、-(負號)	2
*(乘)、/(除)、%(餘數)、//(商數)	3
+(加法)、-(減法)	4
==、!=、>、<、>=、<=	5
not	6
and	7
or	8
=、+=、-=、*=、/=、%=、//=、**=	9

　　優先順序高者先執行運算，上述表格中同一列則表示相同的優先順序，除指數外，優先順序相同時是由左至右運算。

隨堂練習　ex02_07.py

　　請計算 3*3-4>5 and 5-3>6。

[程式碼]

```
print(3*3-4>5 and 5-3>6)
```

[執行結果]

```
False
```

習題

01. 請利用 print() 指令輸出下列圖示。

```
    *
   ***
  *****
 *******
    *

    *

    *
```

02. 二年一班有 5 位同學，請設計一個程式輸入這 5 位同學的數學成績，輸入完成後，計算這 5 位同學的成績平均以及總分。

03. 若今天是星期二，請問 100 天後是星期幾？請利用 Python 的運算式來加以表示。

04. 請問 30÷4 的結果如何？若只要計算餘數，如何撰寫 Python 的運算式？

05. 請將下列的算術運算式，利用 Python 的運算式來加以表示。

$$\frac{5}{3(r+62)} - 12(a+bc) + \frac{3+b(a+7)}{b+ac}$$

06. 假設 x 與 y 是整數，請撰寫 $(x+y)^2$ 的 Python 的運算式。

07. 請撰寫一個程式,顯示以下的表格資料。

```
x     y     x**y
1     1        1
2     2        4
4     3       64
8     4     4096
```

基本敘述

3.1　Python **程式碼**

　　Python 具有高效率的高階資料結構，簡單且有效的物件導向特性，優雅的程式語言語法，程式碼看來就像一篇文章，極適合當作程式設計者第一個學習的程式語言，以下將說明 Python 的縮排格式。

　　Python 的程式碼是以冒號及縮排來表示程式區塊，縮排是 1 個 Tab 鍵或者是 4 個空白鍵，如下範例所示。

```
1. sum=0
2. for i in range(1,10):
3.     sum=sum+i
4. print(sum)
```

　　上述的範例程式中，第 1 行與第 3 行即為一個程式區塊，而第 4 行則又是另外一個程式區塊。

3.2　**程式註解**

　　程式註解對於程式碼的可讀性是一個重要的因素，若程式碼中沒有註解，即使是程式碼的作者，也可能因為年代的久遠而遺忘當初撰寫程式的流程，因此，程式中加以註解是每一位程式撰寫者念茲在茲的重要項目。

3.2.1　單行註解

　　Python 可在程式碼中加入「#」來作為單行註解，有二種方式，一種是位於程式列的起始處加上「#」該行的程式皆不會執行，如下所示。

```
1. # 計算 1 至 9 的總和
2. sum=0
3. for i in range(1,10):
4.     sum=sum+i
5. print(sum)
```

另外一種方式則是位於程式的後方，該「#」符號後的程式碼不會執行，如下所示。

```
1. sum=0
2. for i in range(1,10):
3.     sum=sum+i          #計算總和
4. print(sum)
```

3.2.2　多行註解

如果需要連續多行程式加以註解，每行程式都加上「#」則是非常麻煩，因此可以在註解區塊前加上三個單引號「'''」或者是三個雙引號「"""」作為多行註解，如下範例所示。

```
1. '''
2. 程式名稱 :ch01_1.py
3. 撰寫日期 :2018/02/04
4. 程式目的 :計算 1 至 9 的總和
5. '''
6. sum=0
7. for i in range(1,10):
8.     sum=sum+i
9. print(sum)
```

上述的程式碼中，第 1 行至第 5 行皆屬於 Python 的程式註解，不會執行，而程式中加以註解是可以讓程式撰寫者或者是日後維護程式人員快速地了解程式碼的目的以及流程,因此建議程式撰寫者盡可能在撰寫程式時加上註解。

3.3　判斷式

　　程式的執行流程主要有循序、判斷以及迴圈等 3 種,循序是程式依序一行接著一行執行,判斷則是程式遇到需要做決策的情形,再依決策結果執行不同的程式碼,迴圈則是程式重複執行某些事件。

　　判斷式在程式流程中是一個重要的項目,以下將說明程式中的判斷式,分為單向判斷式、雙向判斷式以及多向判斷式。

3.3.1　單向判斷式

　　「if...」為單向判斷式,是判斷式中最簡單的型態,語法如下所示。

---

　　if (條件式):
　　　　程式區塊

　　以下為單向判斷式邏輯的流程圖。

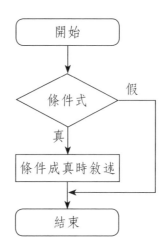

　　上述單向判斷式中的條件式的括號可以移除，當條件式爲 True 時，就會執行程式區塊中的程式碼，但是當條件爲 False 時，則不會執行程式區塊中的程式碼。條件式可以是關係運算式也可以是邏輯運算式，如果程式區中只有一行程式碼，亦可以將兩列合併爲如下所示。

```
if ( 條件式 ): 程式碼
```

　　以下將以範例說明單向判斷式。

[程式碼]

```
a=15
if(a>=10):print("%d 這個數值大於 10"%(a))
```

[執行結果]

```
15 這個數值大於 10
```

隨堂練習　ex03_01.py

　　楊小明設計了一個通關密碼的程式，訪客需要輸入密碼才能進入。

[執行結果]

```
請輸入通關密碼 :654321
歡迎光臨！
```

[程式碼]

```
1. pw = input("請輸入通關密碼:")
2. if(pw=="654321"):
3.     print("歡迎光臨!")
```

[程式說明]

　　第 1 行讀取輸入的通關密碼，並將輸入的資料儲存至 pw 變數。

　　第 2 行預設密碼為 654321，若輸入正確即會執行第 3 行的程式區塊。

3.3.2　雙向判斷式

　　上述的單向判斷式中，若條件式成立即執行程式區中的程式碼，但是條件不成立時若需要執行某些程式時則無法達成，因此雙向判斷式即可達到這樣的可能情形，雙向判斷式為「if...else...」，語法如下所示。

```
    if ( 條件式 ):
        程式區塊 1
    else:
        程式區塊 2
```

　　以下為雙向判斷式邏輯的流程圖。

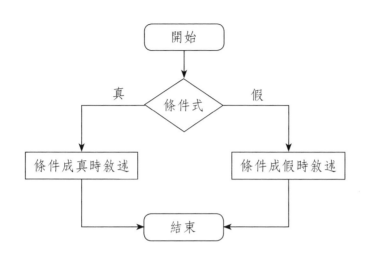

　　上述的雙向判斷式中，當條件式成立時，會執行 if 後的程式區塊 1，而當條件式不成立時，則會執行 else 後的程式區塊 2，程式區塊可以是一行或者是多行的程式碼，若是程式區塊中的程式碼只有一行則猶如單向判斷式中的說明，可以合併為一行。

隨堂練習　ex03_02.py

　　承上之練習題，增加若輸入錯誤的通關密碼時，程式會出現密碼輸入錯誤的訊息。
[執行結果]

```
請輸入通關密碼：654321
歡迎光臨！

請輸入通關密碼：12456
密碼錯誤！
```

[程式碼]

```
1. pw = input(" 請輸入通關密碼 :")
2. if(pw=="654321"):
3.     print(" 歡迎光臨 !")
4. else:
5.     print(" 密碼錯誤 !")
```

[程式說明]

第 1 行讀取輸入的通關密碼,並將輸入的資料儲存至 pw 變數。

第 2 行預設密碼爲 654321,若輸入正確即會執行第 3 行的程式區塊,否則會執行第 5 行顯示密碼錯誤的程式區塊。

3.3.3 多向判斷式

多向判斷式「if...elif...else...」是當有多個條件時的判斷式時,單向與雙向判斷式都無法處理時,即可利用多向判斷式來處理,語法如下所示。

```
if ( 條件式 1):
    程式區塊 1
elif ( 條件式 2):
    程式區塊 2
elif ( 條件式 3):
    程式區塊 3
...
[else:
    程式區塊 else]
```

以下爲多向判斷式邏輯的流程圖。

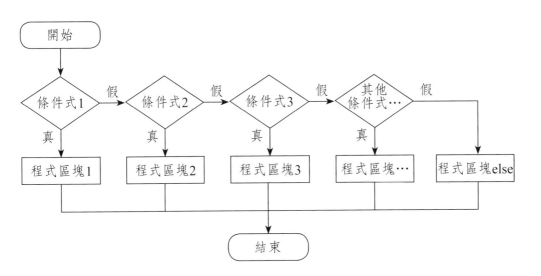

上述中，如果在多個條件式中，成立時即執行相對應的程式區塊，如果所有的條件都不成立時，則執行 else 後的程式區塊，若省略 else 區塊時，當所有的條件都不成立時，則將不會執行任何的程式區塊。

隨堂練習 ex03_03.py

請設計一個程式，判斷所輸入分數的等級，大於 90 為優等，80 至 89 為甲等，70 至 79 為乙等，60 至 69 為丙等，其餘則為丁等。

[執行結果]

```
請輸入成績 :92
優等

請輸入成績 :77
乙等
```

[程式碼]

```
1. score = int(input("請輸入成績:"))
2. if(score >= 90):
3.     print("優等")
4. elif(score >= 80):
5.     print("甲等")
6. elif(score >= 70):
7.     print("乙等")
8. elif(score >= 60):
9.     print("丙等")
10.else:
11.    print("丁等")
```

[程式說明]

第 1 行讀取輸入的成績，並將輸入的資料儲存至 score 變數。

第 2 至 3 行判斷是否大於 90，若是則顯示優等，其餘以此類推判斷甲、乙、丙、丁等。

3.3.4 巢狀判斷式

判斷式中，若是又包含判斷式，則可稱之為巢狀判斷式，不過需要注意的是，當巢狀的層數過多時，會降低程式的可讀性，並且對於日後的維護增加困難度。

隨堂練習 ex03_04.py

請設計一個判斷輸入 3 個數字中最大值的程式。

[執行結果]

```
請輸入第 1 個數:3
請輸入第 2 個數:2
請輸入第 3 個數:1
最大值為: 3
```

[程式碼]

```
1. a = int(input(" 請輸入第 1 個數 :"))
2. b = int(input(" 請輸入第 2 個數 :"))
3. c = int(input(" 請輸入第 3 個數 :"))
4. max=-9999
5. if(a>=b):
6.     if(a>=c):
7.         max=a
8.     else:
9.         max=c
10.elif(b>=c):
11.    max=b
12.else:
13.    max=c
14.print(" 最大值為 :",max)
```

[程式說明]

第 1 至 3 行讀取輸入的 3 個數值，並將輸入的資料儲存至 a,b,c 變數。

第 4 行先指定一個 max 變數為 -9999。

第 5 至 13 行則是利用巢狀判斷式來判斷何者最大，若是最大則指定給 max 這個變數。

第 14 行顯示最大值。

3.4　迴圈

迴圈在程式語言中是重要的工作項目之一，以下將介紹 Python 中執行重複工作的迴圈，包括 range 函式、for 與 while 指令。

3.4.1　range 函式

range 函式的功能就是在建立整數循序的數列，因此在迴圈中扮演著重要的角色，以及將介紹 range 函式的語法。

1. 單一參數

range 函式中使用單一參數的語法如下所示。

數列變數 = range(整數)

此時因為只有單一參數，所以所產生的數列皆是由 0 為初始值，直到整數值 –1，例如：

```
list1=range(7)
print(list(list1))
```

程式執行結果如下所示。

```
[0, 1, 2, 3, 4, 5, 6]
```

由上述程式執行的結果中可以得知，因為範例的單一參數是輸入 7，所以會產生由 0 開始至 7-1(6) 的數列。

2. 二個參數

range 函式中若是有二個參數時，其中一個是起始值，另一個參數則為終止值，其語法如下所示。

數列變數 = range(起始值 , 終止值)

上述語法中所產生的數列變數為起始值至終止值 –1 的數列，例如：

```
list2=range(2,7)
print(list(list2))
```

程式執行結果如下所示。

```
[2, 3, 4, 5, 6]
```

由上述的結果可以得知，因為起始值為 2，終止值為 7，所以此數列則為 2 至 6(7-1)。

起始值與終止值皆可以為負整數，但若是起始值大於或等於終止值的話，所產生的數列則是空串列，亦即數列中並沒有任何元素。

3. 三個參數

range 的函式中若有三個參數，則是除了起始值、終止值之外，再加上一個間隔值的參數，語法表示如下所示。

> 數列變數 = range(起始值 , 終止值 , 間隔值)

上述三個參數所產生的數列變數則是由起始值開始，直到終止值 –1，其間每次都會遞增第三個參數的間隔值，例如：

```
list3=range(2,7,2)
print(list(list3))
```

程式執行結果如下所示。

```
[2, 4, 6]
```

　　由上述的執行結果中可以得知，因爲起始值是 2，終止值是 7，間隔值是 2，所以產生的數列第一個元素是 2，其次增值間隔值 2，所以第 2 個元素是 4(2+2)，以此類推則第 3 個元素爲 6(4+2)，因爲終止值是 7，所以最後一個元素即爲 6(7-1)。

　　假如間隔值是負整數時，此時的起始值必需大於終止值，而所產生的數列則是會呈現遞減的情形，例如：

```
list4=range(7,2,-2)
print(list(list4))
```

　　程式執行結果如下所示。

```
[7, 5, 3]
```

隨堂練習 ex03_05.py

　　請利用 range 設計 3 個數列，第 1 個數列爲 1 到 9，間隔爲 1，第 2 個數列則是 10 以內的偶數，第 3 個數列則是 10 以內的奇數。

[執行結果]

```
[1, 2, 3, 4, 5, 6, 7, 8, 9]
[2, 4, 6, 8, 10]
[1, 3, 5, 7, 9]
```

[程式碼]

```
1.  list1=range(1,10)
2.  print(list(list1))
3.  list2=range(2,11,2)
4.  print(list(list2))
5.  list3=range(1,10,2)
6.  print(list(list3))
```

[程式說明]

第 1 行是 1 至 9 的數列，間隔為 1。

第 3 行是 2 至 10 的數列，間隔為 2，所以是 10 以內的偶數。

第 5 行是 1 至 9 的數列，間隔為 2，所以是 10 以內的奇數。

3.4.2 for 迴圈

for 迴圈在程式語言中的迴圈是很常用的語法，基本語法如下所示。

```
for 變數 in 數列：
    程式區塊 1
[else:
    程式區塊 2]
```

for 語法中的數列是一個有順序的序列，可能是 range、字串、list、tuple 等，執行時，數列會產生變數的初始值，尚不符合迴圈的終止條件時，就會執行程式區塊中的程式碼，因此若數列中有多少個元素，就會執行幾次程式區塊，此外 Python 的 for 迴圈還有一個異於其他語言的特殊用法，那就是可以使用關鍵字「else」，此用法為當序列所有的元素都被取出，進行完最後一次迴圈後，便會執行 else 裡的內容。for 迴圈簡單範例說明如下。

[程式碼]

```
1. n = int(input("請輸入正整數:"))
2. for i in range(1, n+1):
3.     print(i, end=" ")
```

[執行結果]

```
請輸入正整數:7
1 2 3 4 5 6 7
```

上述的程式碼中，第 1 行爲輸入 n 這個變數，以 7 爲例，第 2 行迴圈的初始值爲 1，因爲未達到 8(7+1) 這個結束條件，所以執行第 3 行輸出 1，之後 i 加 1 爲 2 時，還是未達到 8 這個結束條件，所以執行第 3 行程式區塊輸出 2，同理，直到第 8 次當 i=8 時，因爲達到 8 這個迴圈結束條件，所以終止迴圈的執行。

1. 巢狀 for 迴圈

假如在 for 迴圈之中再包含 for 迴圈，即稱爲巢狀 for 迴圈，使用巢狀 for 迴圈時要特別注意執行次數，巢狀迴圈愈多，每層之間的乘積就會愈大，當執行次數過多的時候，即會有可能耗費過多的時間，以下爲巢狀 for 迴圈的範例。

隨堂練習 ex03_06.py

請利用巢狀 for 迴圈，製作九九乘法表。

[執行結果]

```
1*1= 1 1*2= 2 1*3= 3 1*4= 4 1*5= 5 1*6= 6 1*7= 7 1*8= 8 1*9= 9
2*1= 2 2*2= 4 2*3= 6 2*4= 8 2*5=10 2*6=12 2*7=14 2*8=16 2*9=18
3*1= 3 3*2= 6 3*3= 9 3*4=12 3*5=15 3*6=18 3*7=21 3*8=24 3*9=27
4*1= 4 4*2= 8 4*3=12 4*4=16 4*5=20 4*6=24 4*7=28 4*8=32 4*9=36
```

```
5*1= 5 5*2=10 5*3=15 5*4=20 5*5=25 5*6=30 5*7=35 5*8=40 5*9=45
6*1= 6 6*2=12 6*3=18 6*4=24 6*5=30 6*6=36 6*7=42 6*8=48 6*9=54
7*1= 7 7*2=14 7*3=21 7*4=28 7*5=35 7*6=42 7*7=49 7*8=56 7*9=63
8*1= 8 8*2=16 8*3=24 8*4=32 8*5=40 8*6=48 8*7=56 8*8=64 8*9=72
9*1= 9 9*2=18 9*3=27 9*4=36 9*5=45 9*6=54 9*7=63 9*8=72 9*9=81
```

[程式碼]

```
1. for i in range(1,10):
2.     for j in range(1,10):
3.         print("%d*%d=%2d"%(i,j,i*j), end=" ")
4.     print()
```

[程式說明]

第 1 行外層執行 1 至 9 的迴圈。

第 2 行內層執行 1 至 9 的迴圈。

第 3 行輸出外層乘以內層的結果，外層占 2 位數，內層占 2 位數，乘積占 2 位數。

第 4 行外層執行 1 次後，輸出換行。

2. break 命令

執行迴圈時，迴圈中途若需要結束執行，可以利用 break 指令強制離開迴圈，亦即 break 命令為跳出迴圈，範例如下所示。

```
1. for i in range(1,10):
2.     if(i==5):
3.         break
4.     print(i, end=",")
```

上述的程式中，原來迴圈是由 1 到 9（小於 10），但是在第 2 行的判斷式中，若 i==5 時，即會執行 break 指令，中斷迴圈的執行，因此結果只會出現 1,2,3,4，而不會出現 1 到 9。

隨堂練習 ex03_07.py

請利用 for 迴圈與 break 命令，設計二個數的最小公倍數的計算程式，使用者只要輸入二個數，即會計算出其最小公倍數。

[執行結果]

```
請輸入 a 的值 :12
請輸入 b 的值 :18
12 與 18 的最小公倍數 =36
```

[程式碼]

```
1. a = int(input(" 請輸入 a 的值 :"))
2. b = int(input(" 請輸入 b 的值 :"))
3. nmax = (a+1)*(b+1)
4. for i in range(1, nmax):
5.     if (i%a==0 and i%b==0):
6.         break
7. print("%d 與 %d 的最小公倍數 =%d"%(a,b,i))
```

[程式說明]

第 1 至 2 行為輸入 a 與 b 二個整數。

第 3 行則是列出所輸入這二個整數的最大值。

第 4 行則是利用迴圈逐一尋找最小公倍數，直到最大值為止。

第 5 行則是判斷是否有一個數可以同時整除這二個數，若找到即是最小公倍數，所以就停止迴圈的執行。

第 7 行輸出所輸入的二個整數以及最小公倍數。

3. continue 命令

　　假如當迴圈執行到中途時，希望不執行某一次的程式區塊，而直接跳到迴圈的起始處繼續執行，此時即可利用 continue 命令，亦即 continue 命令為跳過迴圈，範例如下所示。

```
1. for i in range(1,10):
2.     if(i==5):
3.         continue
4.     print(i, end=",")
```

　　上述的程式中，原來迴圈是由 1 到 9（小於 10），但是在第 2 行的判斷式中，若 i==5 時，即會執行 continue 指令，暫時停止這一次的迴圈執行，跳到迴圈處繼續執行，所以結果不會出現 5，只會出現 1，2，3，4，6，7，8，9。

隨堂練習　ex03_08.py

　　請利用 for 迴圈與 continue 命令，設計輸入一個正整數，並且列出從 1 到該輸入正整數之間的整數數列，但是只要是 7 的倍數即會加以排除。

[執行結果]

```
請輸入正整數:15
1 2 3 4 5 6 8 9 10 11 12 13 15
```

[程式碼]

```
1. n = int(input("請輸入正整數:"))
2. for i in range(1,n+1):
3.     if(i%7==0):
4.         continue
5.     print(i, end=" ")
```

[程式說明]

第 1 行輸入一個正整數，並且儲存至 n 變數。

第 2 行利用 for 迴圈顯示 1 到 (n+1) 之間所有的正整數。

第 3 行判斷是否可被 7 整除，若被 7 整除時則執行第 4 行的 cocntinue，跳回到第 2 行迴圈的初始處。

第 5 行輸出迴圈中的值。

3.4.3　while 迴圈

與 for 迴圈利用數列來控制迴圈的執行次數不同，while 這個迴圈指令是以條件式是否成立來判斷是否執行迴圈，亦稱之為條件式迴圈，語法如下所示。

```
while ( 條件式 ):
    程式區塊
```

以下為 while 迴圈邏輯的流程圖。

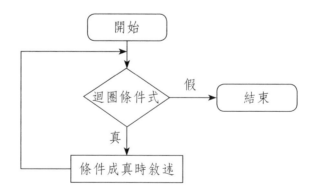

條件式的括號 () 若省略亦可正常執行，上述中的條件式若成立即會執行程式區塊，否則即會中止 while 迴圈的執行，簡單範例如下所示。

[程式碼]

```
1.  total = n = 0
2.  pnum = int(input(" 請輸入正整數 :"))
3.  while(n < pnum):
4.      n = n+1
5.      total = total+n
6.  print("%d 到 %d 的總和為 %d"%(1,n,total))
```

[程式說明]

　　第 1 行設定結果 total 與次數 n 的初始值為 0。

　　第 2 行輸入要計算連加總和的正整數，並且儲存至 pnum。

　　第 3 至第 5 行為利用 while 迴圈來計算總和。剛開始的迴圈當開始 n=0 小於輸入值（pnum）時，即會執行第 4 至第 5 行，直到不符合 n<pnum 時，會跳離 while 迴圈而到第 6 行輸出結果。

　　第 6 行輸出總和的計算結果。

[執行結果]

```
請輸入正整數 :7
1 到 7 的總和為 28
```

　　使用迴圈時要特別注意，當陷入無限迴圈時，唯有按 Ctrl+C 鍵中止程式執行，才能恢復系統的運作。

隨堂練習　ex03_09.py

　　請設計一個計算正整數階層（factorial）的程式，階層是所有小於及等於該數的正整數的積，並且有 0 的階層為 1，自然數 n 的階層寫作 n!，亦即 n!=1×2×3×...×n。

[執行結果]

```
請輸入要計算階層的正整數 :7
7!=5040
```

[程式碼]

```
1. result = i = 1
2. pn = int(input(" 請輸入要計算階層的正整數 :"))
3. while(i <= pn):
4.     result = result*i
5.     i = i+1
6. print("%d!=%d"%(pn,result))
```

[程式說明]

第 1 行設定結果為 1。

第 2 行輸入要計算階層的正整數，並且儲存至 pn。

第 3 至第 6 行為利用 while 迴圈來計算階層。

第 7 行輸出階層的計算結果。

習題

01. 請利用巢狀 for 迴圈，製作 12×12 的乘法表。

02. 請利用 while 迴圈，製作九九乘法表，如下所示。

```
2*1= 2 3*1= 3 4*1= 4 5*1= 5 6*1= 6 7*1= 7 8*1= 8 9*1= 9
2*2= 4 3*2= 6 4*2= 8 5*2=10 6*2=12 7*2=14 8*2=16 9*2=18
2*3= 6 3*3= 9 4*3=12 5*3=15 6*3=18 7*3=21 8*3=24 9*3=27
2*4= 8 3*4=12 4*4=16 5*4=20 6*4=24 7*4=28 8*4=32 9*4=36
2*5=10 3*5=15 4*5=20 5*5=25 6*5=30 7*5=35 8*5=40 9*5=45
```

```
2*6=12 3*6=18 4*6=24 5*6=30 6*6=36 7*6=42 8*6=48 9*6=54
2*7=14 3*7=21 4*7=28 5*7=35 6*7=42 7*7=49 8*7=56 9*7=63
2*8=16 3*8=24 4*8=32 5*8=40 6*8=48 7*8=56 8*8=64 9*8=72
2*9=18 3*9=27 4*9=36 5*9=45 6*9=54 7*9=63 8*9=72 9*9=81
```

03. 請利用迴圈，先讓使用者輸入層數後，再繪製下列圖形。

(1)

```
請輸入繪製層數:7
*
**
***
****
*****
******
*******
```

(2)

```
請輸入繪製層數:7
      *
     ***
    *****
   *******
  *********
 ***********
*************
```

(3)

```
請輸入繪製層數 :7
*
***
*****
*******
*****
***
*
```

04. 請利用迴圈，先讓使用者輸入層數後，再繪製下列圖形。

(1)

```
請輸入繪製層數 :7
      *
     ***
    *****
   *******
    *****
     ***
      *
```

(2)

```
請輸入繪製層數 :7
****** ******
*****   *****
****     ****
***       ***
****     ****
*****   *****
****** ******
```

05. 請設計一個計算距離的程式，讓使用者輸入 2 個座標點，然後計算出這 2 個座標點的距離。

06. 請設計一個攝氏轉華氏溫度的轉換程式，只要使用者輸入攝氏溫度，程式會將所輸入的攝氏溫度轉換為華氏溫度，公式為攝氏溫度＝（5÷9）×（華氏溫度－32）。

07. 請設計一個程式，讓使用者輸入圓柱的半徑與長度，再計算其體積。

08. 請設計一個計算從起始溫度到最後溫度時所需要的能量，使用者需要輸入多少公斤的水，起始溫度與最後的溫度，程式將所輸入的資料轉換為所需要的能量，計算公式如下所示。

能量（焦耳）＝ 水的公升數 ×（最後溫度－起始溫度）×4184

09. 請利用迴圈撰寫一個程式，將使用者所輸入的整數，反轉順序顯示，例如輸入 123，反轉順序顯示 321。

10. 請撰寫一個計算身體體重指數（Body Mass Index, BMI）的程式，計算方式為以公斤為單位重量，除以公尺為單位的身高的平方，程式輸入時請以英磅為單位的體重與英吋為單位的身高，1 英磅大約 0.45359237 公斤，1 英吋大約 0.0254 公尺，依所輸入的資料計算 BMI 值。

11. 請設計一個計算三角形面積的程式，使用者只要輸入三角形的三點座標 (x_1, y_1)、(x_2, y_2)、(x_3, y_3)，程式讀取之後顯示這三點座標所形成的三角形面積，相關公式如下所示。

$$S = \frac{(sidelength1 + sidelength2 + sidelength3)}{2}$$

$$A = \sqrt{S \times (S - sidelength1) \times (S - sidelength2) \times (S - sidelength3)}$$

串列、元組、集合、字典

4.1 使用串列

串列（List）是由一連串的資料所組成，串列是一種有順序且可以改變內容的序列，串列的前後是以中括號來標示，其中的資料是以逗號來加以隔開，所包含的資料之資料型態可以不同，以下將說明如何宣告一維串列、空串列以及多維串列。

4.1.1 宣告一維串列

建立串列可利用 Python 中的 list() 函式，例如：

```
list1 = list([85,77,69])
```

上述即是建立一個包括 85、77、69 三個正整數的數列，建立串列也可以直接利用中括號 [] 來完成，如下所示。

```
list2 = [85,77,69]
```

至於空串列的建立可如下表示。

```
list3 = list()
```

或者是

```
list4 = []
```

此外串列中的資料可以同時存在不同的資料型態，例如：

```
list5 = [85, " 國語 ", 77, " 數學 ", 69, " 英文 "]
```

結合 range() 可快速地建立有規則性的串列,例如下列即建立 1 到 9 的數列。

```
list6 = list(range(1,10))
```

也可以利用字串來建立串列,例如:

[程式碼]

```
list7 = list("ABCD")
print(list7)
```

[執行結果]

```
['A', 'B', 'C', 'D']
```

4.1.2 宣告多維串列

二維串列即是一維串列的延伸,若說一維串列是呈線性的一度空間,二維串列就是平面的二度空間,至於多維串列即是多度空間。以下表為例,是一個 5 列 3 行的學生成績單,若利用一個變數 score 來宣告 5×3 的二維串列來儲存這些資料,score 可視為一個巢狀串列,其中每一個元素都是一個串列,存放著每一位學生的三科成績。

	國語	數學	英文
Stu01	89	67	89
Stu02	79	77	98
Stu03	65	57	74
Stu04	65	72	76
Stu05	89	72	92

二維串列宣告如下所示。

```
score = [[89,67,89],[79,77,98],[65,57,74],[65,72,76],[89,72,92]]
```

4.2 讀取串列

讀取串列中的特定元素，需要以串列中的位置為索引，利用索引值於中括號內，即可讀取串列的元素資料值。

4.2.1 讀取串列元素

以上述一維串列資料為例，要讀取 list2 串列中索引為 1（第 2 個元素）的內容，讀取的資料為 77。

[程式碼]

```
list2 = [85,77,69]
print(list2[1])
```

[執行結果]

```
77
```

　　請注意，串列的第一個索引元素為 0，第二個索引元素為 1，以此類推，因此 list2[0] 為 85，list2[2] 為 69。若是索引元素為負數時，表示由串列的最後往前取出元素，例如 list2[-1] 代表是取出 list2 串列的最後一個元素，即 69，list2[-2] 即為倒數第二個元素，即 77，以此類推，負數索引值不可超出串列的範圍，否則會出現錯誤。

[程式碼]

```
list2 = [85,77,69]
print(list2[-2])
```

[執行結果]

```
77
```

隨堂練習　ex04_01.py

　　請利用串列設計一個阿拉伯數字轉換為國字數字的程式，亦即輸入 6，會轉換為「六」，輸入 7 則會轉換為「七」。

[執行結果]

```
請輸入 1 至 9 的正整數 :7
7 轉換為國字數字為 七
```

[程式碼]

```
1. list1 = ['一','二','三','四','五','六','七','八','九']
2. pnum = int(input(" 請輸入 1 至 9 的正整數 :"))
3. print("%d 轉換為國字數字為 %s"%(pnum, list1[pnum-1]))
```

[程式說明]

第 1 行為宣告一至九的一維串列。

第 2 行讀取一個 1 至 9 的正整數。

第 3 行輸出串列中索引所對應的國字數字。

4.2.2 改變串列元素

串列值設定之後,可以再改變串列中的元素,利用指定運算子即可完成,如下範例所示。

[程式碼]

```
1. list1 = [1,2,3,4,5,6,7]
2. print(list1)
3. list1[1]=9
4. print(list1)
```

[執行結果]

```
[1, 2, 3, 4, 5, 6, 7]
[1, 9, 3, 4, 5, 6, 7]
```

上述的程式中,第 3 行將第 2 個元素重新指為 9,所以再次輸出 list1 時,即會發現第 2 個元素由 2 改為 9。上述為一維串列,若是二維串列即需要利用二個索引來讀取與設定，二維串列第一個索引為列索引，第二個索引則是為行索引，以此類推。

4.2.3　利用迴圈讀取

　　建立串列時可以利用 range() 函式，讀取元素資料時亦可以利用 range() 函式，串列配合迴圈中的 range()，可以精簡有效率地讀取串列的元素。利用 range() 函式之前要先了解串列的長度，Python 中利用 len() 函式即可獲得串列的長度，如下範例所示。

[程式碼]

```
list1 = list([85,77,69])
print(len(list1))
```

[執行結果]

```
3
```

　　上述的程式中可以得知 len() 可以獲得串列的長度，以下將利用迴圈來讀取串列中的元素，如下所示。

[程式碼]

```
1. list1 = list([85,77,69])
2. for i in range(len(list1)):
3.     print(list1[i],end=" ")
```

[執行結果]

```
85 77 69
```

隨堂練習 ex04_02.py

請利用串列與迴圈設計程式，執行結果可印出下圖所列的矩陣。

[執行結果]

```
1    2    3
4    5    6
7    8    9
```

[程式碼]

```
1. list1 = [[1,2,3],[4,5,6],[7,8,9]]
2. for i in range(len(list1)):
3.     for j in range(len(list1[i])):
4.         print(("%4d")%list1[i][j],end=" ")
5.     print()
```

[程式說明]

第 1 行指定矩陣內容。

第 2 行二維矩陣中的外層矩陣。

第 3 行二維矩陣中的內層矩陣。

第 4 行輸出矩陣內容。

第 5 行每外層矩陣執行 1 次即換行。

4.3　搜尋串列

搜尋串列可以獲得串列中元素的索引值，也可以計算串列中元素出現的次數等資訊，以下將說明 index、count 等串列搜尋指令函式。

4.3.1　index 搜尋

index() 函式可以搜尋串列元素的索引值，語法如下所示。

索引值 = 串列 .index(目標串列元素)

上述的語法中，若目標串列元素出現在串列，則會傳回第 1 次找到串列元素的索引值，若找不到目標串列元素，則會出現錯誤，如下範例所示。

[程式碼]

```
1. list1 = [50,40,20,40,20,60,20,80,90]
2. print(list1.index(20))
3. print(list1.index(25))
```

上述的程式範例中，第 1 行指定 list1 這個串列的資料值，第 2 行則是尋找串列中是否有 20，程式執行結果會傳回 2，代表第 3 個位置，但是第 3 行尋找串列中是否有 25，程式執行結果會出錯，會出現「ValueError: 25 is not in list」的錯誤訊息。

4.3.2　count 計算次數

count() 函式可以計算串列元素出現的次數，語法如下所示。

次數 = 串列 .count(目標串列元素)

上述的語法中，若目標串列元素出現在串列，則會傳回目標串列元素出現在串列中的次數，若找不到目標串列元素，則會傳回 0，如下範例所示。

[程式碼]

```
1. list1 = [50,40,20,40,20,60,20,80,90]
2. print(list1.count(20))
3. print(list1.count(25))
```

上述的程式範例中，第 1 行指定 list1 這個串列的資料值，第 2 行則是尋找串列中 20 出現的次數，程式執行結果會傳回 3，代表 20 在串列中出現 3 次，第 3 行尋找串列中 25 的出現次數，程式執行結果會傳回 0。

撰寫 Python 程式時，若要撰寫搜尋字串的資料程式時，往往不會直接利用 index 的指令，而是先運用 count 指令，先計算是否存在（當值大於 0 時），再利用 index 來傳回所搜尋串列中值的索引位置，以免單單利用 index 來搜尋時會有出錯時程式中斷的情形發生。

4.4 增刪串列

串列建立之後，程式執行的過程中，往往需要動態增加或刪除串列中的元素，因此以下即說明如何在動態的程式執行過程中，增刪串列中的元素。

4.4.1 增加串列元素

串列初始值設定之後，如果要增加串列中的元素資料，必須要以 append() 或者 insert() 函式增加串列的元素資料，以下將說明這二種方法。

1. append

append() 這個函式是將串列的元素資料增加到串列的最後，語法如下所示。

串列 .append(串列元素)

　　append() 新增串列的元素之後，串列的長度會新增 1，當然串列也可以加入不同資料型態的元素，如以下範例所示。

[程式碼]

```
1. list1 = [50,40,20,40,20,60,20,80,90]
2. list1.append(70)
3. print(len(list1))
4. print(list1[9])
```

　　上述的程式範例中，第 1 行指定 list1 這個串列的資料值，第 2 行則是在串列最後增加 70 這個元素，第 3 行程式執行結果會傳回 10，原來是 9 因為新增 1 個元素，第 4 行輸出第 10 個元素，程式執行結果會傳回 70。

　　2. insert

　　insert() 這個函式是將串列的元素資料插入到串列中指定的索引位置，語法如下所示。

```
串列 .insert( 索引值 , 串列元素 )
```

　　insert() 在指定的索引位置插入串列的元素之後，串列的長度會新增 1，當然串列也可以加入不同資料型態的元素，如以下範例所示。

[程式碼]

```
1. list1 = [50,40,20,40,20,60,20,80,90]
2. list1.insert(1,70)
3. print(list1[1])
4. print(list1)
```

　　上述的程式範例中，第 1 行指定 list1 這個串列的資料值，第 2 行則是在串

列第 1 個索引位置增加 70 這個元素，第 3 行程式執行結果會傳回第 1 個索引值
位置的輸出結果，程式執行結果會輸出 70 這個元素值，第 4 行則是輸出新增 70
這個元素後的串列資料。

[執行結果]

```
70
[50, 70, 40, 20, 40, 20, 60, 20, 80, 90]
```

隨堂練習　ex04_03.py

　　請利用串列，設計使用者輸入戲劇比賽中 6 位評審的評分分數，然後計算總
分。

[執行結果]

```
請輸入第 1 位評審的分數 :85
請輸入第 2 位評審的分數 :68
請輸入第 3 位評審的分數 :87
請輸入第 4 位評審的分數 :78
請輸入第 5 位評審的分數 :82
請輸入第 6 位評審的分數 :81
分數總分為 : 481
[85, 68, 87, 78, 82, 81]
```

[程式碼]

```
1.  list1 = []
2.  sum = 0
3.  for i in range(1,7):
4.      score=int(input("請輸入第 %d 位評審的分數 :"%i))
5.      list1.append(score)
6.      sum += score
7.  print("分數總分為 :",sum)
8.  print(list1)
```

隨堂練習 ex04_04.py

　　請利用串列以及 while 迴圈，設計使用者輸入十進位制數字，由程式轉換成二進位制數字並且輸出。

[執行結果]

```
請輸入需要轉換的十進位數字 :10
1010
```

[程式碼]

```python
1.  pnum = int(input("請輸入需要轉換的十進位數字 :"))
2.  pbin = [0] * pnum
3.  i = 0
4.  while (pnum > 0):
5.      pbin[i] = pnum % 2
6.      pnum = int(pnum / 2)
7.      i += 1
8.  j=i-1
9.  while (j>-1):
10.     print(pbin[j], end = "")
11.     j -= 1
```

[程式說明]

　　第 1 行輸入所需要轉換的十進位制數字。

　　第 2 行宣告儲存資料的串列來儲二進位的數值。

　　第 3 行至第 7 行利用 while 迴圈來計算除 2 後的餘數，亦即進制轉換。

　　第 8 行反向輸出串列中的內容即為二進位制的結果。

4.4.2 刪除串列元素

刪除串列元素的方法主要有 remove()、pop()、del 等，以下將簡單說明各種方法的使用時機。

1. remove

remove() 的函式是刪除串列中第一個指定的目標串列元素，若目標串列元素不在串列之中，則此方法會發生錯誤訊息，語法如下所示。

串列 .remove(目標串列元素)

[程式碼]

```
1. list1 = [50,40,20,40,20,60,20,80,90]
2. print(list1)
3. list1.remove(40)
4. print(list1)
```

[執行結果]

```
[50, 40, 20, 40, 20, 60, 20, 80, 90]
[50, 20, 40, 20, 60, 20, 80, 90]
```

上述的程式範例中，第 1 行指定 list1 這個串列的資料值，第 2 行則是輸出串列的內容，第 3 行程式將串列中的 40 元素加以移除，第 4 行輸出移除完之串列內容。

2. pop

pop() 的函式是取出串列中目標串列元素的索引位置，若目標串列元素不在串列之中，則此方法會發生錯誤訊息，語法如下所示。

串列 .pop(index)

[程式碼]

```
1. list1 = [50,40,20,40,20,60,20,80,90]
2. print(list1)
3. list1.pop(1)
4. print(list1)
```

[執行結果]

```
[50, 40, 20, 40, 20, 60, 20, 80, 90]
[50, 20, 40, 20, 60, 20, 80, 90]
```

　　上述的程式範例中，第 1 行指定 list1 這個串列的資料值，第 2 行則是輸出串列的內容，第 3 行程式將串列中的 40 元素加以移除，第 4 行輸出移除完的串列內容。

3. del

　　del 指令可以刪除變數、串列以及串列元素，語法如下所示。

del 串列 (index)

　　上述中若利用 del 刪除單一串列元素，可以直接輸入 index 串列元素的索引位置，範例如下所示。

[程式碼]

```
1. list1 = [50,40,20,40,20,60,20,80,90]
2. del list1[1]
3. print(list1)
```

上述中的第 2 行即是刪除索引值為 1 的串列資料，即為 40，因此程式執行後，串列的內容如下所示。

```
[50, 20, 40, 20, 60, 20, 80, 90]
```

假如要同時刪除串列中多個元素時，可以利用「:」來表示所要刪除串列元素索引值的範圍，語法如下所示。

del 串列 (index1:index2:step)

上述的 index1 代表是索引位置的起點，index2-1 代表是索引值的終點，step則是代表間隔，因此若要刪除串列的第 1、3、5 個索引位置的串列位置，可以輸入 1:6:2，範例如下所示。

[程式碼]

```
1. list1 = [50,40,20,40,20,60,20,80,90]
2. del list1[1:6:2]
3. print(list1)
```

上述的程式碼中，第 2 行的刪除指令，因為索引值起點是 1，終點是6-1(5)，間隔是 2，所以刪除 1、3、5 索引位置的串列元素，因此程式執行結果的串列值如下所示。

```
[50, 20, 20, 20, 80, 90]
```

4.5 排序串列

串列的排序可以將串列由大到小或者是由小到大加以排序，以下將說明由小到大排序、反轉串列的順序、由大到小排序以及排序之後如何保留原來的序列等，說明如下。

4.5.1 由小到大排序

sort() 函式可以將指定的串列由小到大來加以排序，語法如下所示。

串列 .sort()

sort() 函式針對串列排序後，會改變原來的串列內容，範例如下所示。

[程式碼]

```
1.  list1 = [50,40,20,40,20,60,20,80,90]
2.  list1.sort()
3.  print(list1)
```

[執行結果]

```
[20, 20, 20, 40, 40, 50, 60, 80, 90]
```

4.5.2 反轉串列順序

reverse() 函式是將串列的順序反轉，語法如下所示。

串列 .reverse()

reverse() 是將串列的索引位置反轉，會改變原來的串列內容，範例如下所示。

[程式碼]

```
1. list1 = [50,40,20,40,20,60,20,80,90]
2. list1.reverse()
3. print(list1)
```

[執行結果]

```
[90, 80, 20, 60, 20, 40, 20, 40, 50]
```

4.5.3 由大到小排序

以下將以一個隨堂練習來說明如何將串列內容，由大到小來加以排序。

隨堂練習 ex04_05.py

請利用串列，設計將串列的內容由大到小來加以排序。

[執行結果]

```
原始串列：[50, 40, 20, 40, 20, 60, 20, 80, 90]
由大到小：[90, 80, 60, 50, 40, 40, 20, 20, 20]
```

[程式碼]

```
1.  list1 = [50,40,20,40,20,60,20,80,90]
2.  print(" 原始串列 :",list1)
3.  list1.sort()
4.  list1.reverse()
5.  print(" 由大到小 :",list1)
```

[程式說明]

第 1 行指定串列內容。

第 2 行輸出原始串列內容。

第 3 行將串列由小到大排序。

第 4 行將串列反轉。

第 5 行輸出由大到小的串列結果。

4.5.4　排序之後保留原值

串列排序之後，前述的 3 種函式都會使得原來的串列內容改變，若要排序之後仍舊要保留原始的串列內容，可以利用 sorted() 函式，語法如下所示。

排序後的串列 = sorted(原始串列 , reverse=TRUE)

排序後的串列代表是將原始串列排序後的串列，reverse 的參數則是代表設定的順序，True 代表是由大至小排序，False 則是由小至大排序，reverse 這個參數省略時預設值為 False，sorted() 這個函式的排序不會更動原始串列的內容，而排序後的串列則是排序的結果，範例如下所示。

[程式碼]

```
1. list1 = [50,40,20,40,20,60,20,80,90]
2. list2 = sorted(list1)
3. list3 = sorted(list1, reverse=True)
4. print(" 原始串列 :",list1)
5. print(" 由小到大 :",list2)
6. print(" 由大到小 :",list3)
```

上述的程式中，第 1 行是指定串列內容，第 2 行則是將 list1 由小到大排序，並且將排序結果指定給 list2 變數，第 3 行與第 2 行相較是加入了 reverse=True 這個參數，代表是將 list1 由大到小排序，並且將排序結果的串列指定給 list3 變數，第 4 到第 6 行則是將這 3 個串列的結果加以輸出。

[執行結果]

```
原始串列 : [50, 40, 20, 40, 20, 60, 20, 80, 90]
由小到大 : [20, 20, 20, 40, 40, 50, 60, 80, 90]
由大到小 : [90, 80, 60, 50, 40, 40, 20, 20, 20]
```

隨堂練習 ex04_06.py

請利用串列，設計一個 6 位學生成績輸入系統，最後請顯示所輸入的原始資料以及由小到大以及由大到小的排序資料。

[執行結果]

```
請輸入第 1 位學生成績 :97
請輸入第 2 位學生成績 :68
請輸入第 3 位學生成績 :87
請輸入第 4 位學生成績 :66
請輸入第 5 位學生成績 :58
```

```
請輸入第 6 位學生成績 :68
原始成績：[97, 68, 87, 66, 58, 68]
由小到大：[58, 66, 68, 68, 87, 97]
由大到小：[97, 87, 68, 68, 66, 58]
```

[程式碼]

```
1. list1 = []
2. for i in range(1,7):
3.     score=int(input(" 請輸入第 %d 位學生成績 :"%i))
4.     list1.append(score)
5. list2 = sorted(list1)
6. list3 = sorted(list1, reverse=True)
7. print(" 原始成績 :",list1)
8. print(" 由小到大 :",list2)
9. print(" 由大到小 :",list3)
```

[程式說明]

第 1 行指定串列內容。

第 2 至 4 行輸入 6 位學生的成績。

第 5 行將串列由小到大排序。

第 6 行將串列由大到小排序，並保留原串列資料。

第 7 行到第 9 行輸出原始成績、由小到大排序、由大到小排序的結果。

4.6 串列常用方法

以下將 Python 中串列常使用的方法，列述說明如下表。表中的 list1 = [6,5,4,3,2,1]。

方法	意義	範例	結果
list[n1:n2]	取出 n1 到 n2-1 索引的元素	print(list1[1:4])	[5,4,3]
list[n1:n2:n3]	取出 n1 到 n2-1 索引間隔 n3 的元素	print(list1[1:4:2])	[5,3]
del list[n1:n2]	刪除 n1 到 n2-1 索引的元素	del list1[1:4] print(list1)	[6, 2, 1]
del list[n1:n2:n3]	刪除 n1 到 n2-1 索引間隔 n3 的元素	del list1[1:4:2] print(list1)	[6, 4, 2, 1]
len(list)	取得串列元素的數目	print(len(list1))	6
min(list)	取得串列元素中的最小值	print(min(list1))	1
max(list)	取得串列元素中的最大值	print(max(list1))	6
list.index(v)	取得串列中第 1 個 v 元素的索引值	print(list1.index(5))	1
list.count(v)	取得串列中 v 元素出現的次數	print(list1.count(5))	1
list.append(v)	將 v 元素增加至串列	list1.append(7) print(list1)	[6, 5, 4, 3, 2, 1, 7]
list.insert(n,v)	串列 n 索引位置加入 v 元素	list1.insert(1,7) print(list1)	[6, 7, 5, 4, 3, 2, 1]
list.pop()	取出最後 1 個元素並刪除該元素	list1.pop() print(list1)	[6, 5, 4, 3, 2]
list.remove(v)	串列中移除第 1 個 v 元素	list1.remove(4) print(list1)	[6, 5, 3, 2, 1]
list.reverse()	反轉串列順序	list1.reverse() print(list1)	[1, 2, 3, 4, 5, 6]
list.sort()	將串列由小到大排序	list1.sort() print(list1)	[1, 2, 3, 4, 5, 6]
list2=sorted(list1, reverse=True)	將串列 list1 由大到小排序	list2=sorted(list1,reverse=True) print(list2)	[6, 5, 3, 2, 1]

4.7　元組

元組（tuple）的結構與串列完全相同，元組也是由一連串的資料組合而成，是一種有順序但不可以改變內容的串列，元組前後以小括號來加以標示，其中的元素資料則以逗號加以隔開，資料的型態仍然與串列相同，可以允許不同的資料型態同時存在元組之中。元組的元素資料內容不可以改變，所以無論是新增、刪除、排序或者是變更皆不允許，不過元組的執行效率遠比串列好。

4.7.1　建立元組

建立元組可以利用 tuple() 函式來加以建立，如下所示。

```
tuple1 = tuple((85,77,69))
```

上述即是建立一個包括 85、77、69 三個正整數的元組，建立元組也可以直接利用小括號 () 來完成，如下所示。

```
tuple2 = (85,77,69)
```

至於空元組的建立可如下表示。

```
tuple3 = tuple()
```

或者是

```
tuple4 = ()
```

此外元組中的資料可以同時存在不同的資料型態，例如：

```
tuple5 = (85, "國語", 77, "數學", 69, "英文")
```

結合 range() 可快速地建立有規則性的元組，例如下列即建立 1 到 9 的元組數列。

```
tuple6 = tuple(range(1,10))
```

也可以利用字串來建立元組，例如：

```
tuple7 = tuple("ABCD")
print(tuple7)
```

程式執行結果如下所示。

```
('A', 'B', 'C', 'D')
```

4.7.2 串列與元組互相轉換

串列與元組之間的結構相似，程式執行過程中往往會有元組轉換為串列，或者是串列轉換為元組的需求，以下將說明串列與元組如何互相轉換。

1. 元組轉換為串列

元組轉換為串列的範例如下所示。

[程式碼]

```
1. tuple1 = (50,40,20,40,20,60,20,80,90)
2. print(tuple1)
3. list1 = list(tuple1)
4. list1.remove(40)
5. print(list1)
```

上述的程式中，第 1 行是指定元組內容，第 2 行則是輸出元組內容，第 3 行利用 list() 函式將元組轉換為串列，第 4 行則是將串列中移除第 1 個出現的 40 元素資料，因為元組無法更改元素資料，所以若直接針對元組進行修改會有錯誤的情形發生，第 5 行則是將這更改過後的串列的結果加以輸出。

[執行結果]

```
(50, 40, 20, 40, 20, 60, 20, 80, 90)
[50, 20, 40, 20, 60, 20, 80, 90]
```

2. 串列轉換為元組

串列轉換為元組的範例如下所示。

[程式碼]

```
list1 = [50,40,20,40,20,60,20,80,90]
tuple1 = tuple(list1)
print(tuple1)
```

上述的程式中，第 1 行是指定串列內容，第 2 行則是利用 tuple() 函式將串列轉換為元組，第 3 行則是將這轉換過後的元組結果加以輸出。

[執行結果]

```
(50, 40, 20, 40, 20, 60, 20, 80, 90)
```

隨堂練習 ex04_07.py

請說明下列程式碼的輸出結果爲何？

```
1. tuple1 = (1,3,5,7,8,4,2,9)
2. print(tuple1)
3. print(tuple1[0])
4. print(tuple1[2:4])
5. print(tuple1[-1])
6. print(tuple1[:-1])
7. print(tuple1[1:-1])
```

[執行結果]

```
(1, 3, 5, 7, 8, 4, 2, 9)
1
(5, 7)
9
(1, 3, 5, 7, 8, 4, 2)
(3, 5, 7, 8, 4, 2)
```

[程式說明]

第 1 行指定元組內容。

第 2 行輸出元組內容。

第 3 行輸出元組索引值第 0 的元素。

第 4 行輸出元組索引值第 2 至 3 的元素。

第 5 行輸出元組索引值倒數第 1 的元素。

第 6 行輸出元組索引值從頭至倒數第 2 的元素。

第 7 行輸出元組索引值第 1 至倒數第 2 的元素。

4.8　集合

Python 中的集合（set）裡面只有鍵，而且每個鍵都是獨一無二的，不會有重複，並且集合沒有順序，以下將依建立集合、關於集合的內建函式、運算子、處理方式等說明如下。

4.8.1　建立集合

建立集合可以利用 set() 函式來加以建立，如下所示。

```
set1 = set({85,77,69})
```

上述即是建立一個包括 85、77、69 三個正整數的集合，建立集合也可以直接利用大括號 {} 來完成，如下所示。

```
set2 = {85,77,69}
```

至於空集合的建立可如下表示。

```
set3 = set()
```

不能利用 {} 來建立空集合，這會建立成空字典。

此外集合中的資料可以同時存在不同的資料型態，例如：

```
set4 = {85, "國語", 77, "數學", 69, "英文"}
```

結合 range() 可快速地建立有規則性的集合，例如下列即建立 1 到 9 的集合數列。

```
set5 = set(range(1,10))
```

也可以利用字串來建立集合，例如：

```
set6 = set("ABCD")
```

```
print(set6)
```

程式執行結果如下所示，請注意，因為集合沒有順序，所以每次集合中元素顯示的位置並不會完全相同。

```
{'A', 'B', 'C', 'D'}
```

4.8.2　內建函式

適用於集合的內建函式主要有 len()、max()、min()、sum() 等，以下將分別說明。

[程式碼]

```
1.  set1 = {50,40,20,60,80,90}
2.  print(len(set1))
3.  print(max(set1))
4.  print(min(set1))
5.  print(sum(set1))
```

　　上述的程式中，第 1 行是指定集合的元素資料，第 2 行是計算集合的元素數目，所以結果為 6，第 3 行是找出集合中最大的元素資料，所以結果是 90，第 4 行是輸出集合中最小的元素資料，所以結果是 20，第 5 行則是計算集合中所有元素資料的總和，結果為 50+40+20+60+80+90=340。

[執行結果]

```
6
90
20
340
```

4.8.3　運算子

　　因為集合中的元素資料並沒有順序，所以集合不支援連接運算子（+）、重複運算子（*）與其他順序相關的運算，但集合支援 in 與 not in 的運算子，可利用來檢查所指定的元素是否存在於集合，如下範例所示。

```
set1 = {1, " 國語 ", 2, " 數學 ", 3, " 英文 "}
print(" 國語 " in set1)
True
print(" 國語 " not in set1)
False
```

　　上述程式碼中「in」是代表若集合中存在該元素則會傳回 True，否則會傳回 False。

```
set1 = {" 國語 "," 數學 "," 英文 "}
set2 = {" 物理 "," 國語 "," 數學 "," 英文 "}
set3 = {" 英文 "," 國語 "," 數學 "}
print(set1==set3)
True
```

上述程式碼中「==」是代表若包含相同的元素，即會傳回 True，否則傳回 False，因為 set1 與 set3 的集合中具有相同的元素，所以傳回 True。

```
print(set1!=set2)
True
```

上述程式碼中「!=」是代表是否包含不同的元素，即會傳回 True，否則傳回 False，因為 set1 與 set2 的集合中包含不同的元素，所以傳回 True。

```
print(set1<=set2)
True
```

上述程式碼中「<=」是代表二個集合中是否為子集合，即會傳回 True，否則傳回 False，因為 set1 是 set2 的子集合，所以傳回 True。

```
print(set1<set2)
True
```

上述程式碼中「<」是代表二個集合中是否真子集合，即會傳回 True，否則傳回 False，因為 set1 是 set2 的真子集合，所以傳回 True。

```
print(set1>=set2)
False
```

上述程式碼中「>=」是代表二個集合中是否超集合，即會傳回 True，否則傳回 False，因為 set1 不是 set2 的超集合，所以傳回 False。

```
print(set1>set2)
False
```

　　上述程式碼中「>」是代表二個集合中是否為眞超集合，即會傳回 True，否則傳回 False，因為 set1 不是 set2 的眞超集合，所以傳回 False。

```
print(set2>set3)
True
```

　　因為 set2 是 set3 的眞超集合，所以傳回 True。

```
print(set2>=set3)
True
```

　　因為 set2 是 set3 的超集合，所以傳回 True。

隨堂練習　ex04_08.py

　　請顯示下列集合的輸出結果。

[程式碼]

```
1. s1 = {2,4,6}
2. s2 = {2,4,8}
3. print(s1 > s2)
4. print(s1 < s2)
5. print({2,4}<{2,4,6})
6. print({2,4}<={2,4,6})
```

[程式說明]

　　第 1 行至第 2 行指定 2 個集合的內容。

第 3 行至第 6 行輸出集合比較的程式。

[執行結果]

```
False
False
True
True
```

4.8.4　集合處理方法

集合中有許多內建的處理方法，常用的處理函式如下所示。

1. 新增刪除與複製集合元素

set1 = {6, 5, 4, 3, 2, 1}

方法	意義	範例	結果
set1.add(v)	將參數 v 加入集合中	set1.add(7) print(set1)	{1, 2, 3, 4, 5, 6, 7}
set1.remove(v)	將參數 v 刪除，若集合中 v 不存在，則會出現錯誤	set1.remove(6) print(set1)	{1, 2, 3, 4, 5}
set1.pop()	從集合中刪除一個元素	set1.pop() print(set1)	{2, 3, 4, 5, 6}
set1.copy()	複製集合	set2 = set1.copy() print(set2)	{1, 2, 3, 4, 5, 6}
set1.clear()	刪除集合中所有的元素	set1.clear() print(set1)	set()

2. 判斷子集合或超集合

```
set1 = {" 國語 "," 數學 "," 英文 "}
set2 = {" 物理 "," 國語 "," 數學 "," 英文 "}
print(set1.issubset(set2))
True
```

　　上述程式中 set1.issubset(set2)，若 set1 是 set2 的子集合即會傳回 True，否則會傳回 False，因為 set1 是 set2 的子集合，所以傳回 True。

```
print(set1.issuperset(set2))
False
```

　　上述程式中 set1.issupetset(set2)，若 set1 是 set2 的超集合即會傳回 True，否則會傳回 False，因為 set1 不是 set2 的超集合，所以傳回 False。

```
print(set2.issubset(set1))
False
```

　　因為 set2 不是 set1 的子集合，所以傳回 False。

3. 集合的運算

```
set1 = {1, 2, 3}
set2 = {2, 3, 4, 5}
```

方法	意義	範例	結果
set1.isdisjoint(set2)	若 set1 和 set2 中沒有相同的元素傳回 False	print(set1.isdisjoint(set2))	False
set1.union(set2)	集合聯集運算，亦可利用「|」運算子	set3 = set1.union(set2) print(set3)	{1, 2, 3, 4, 5}
set1.update(set2)	集合聯集運算，更新至 set1	set1.update(set2) print(set1)	{1, 2, 3, 4, 5}
set1.intersection(set2)	集合交集運算，亦可利用「&」運算子	set3 = set1.intersection(set2) print(set3)	{2, 3}
set1.intersection_update(set2)	集合交集運算，更新至 set1	set1.intersection_update(set2) print(set1)	{2, 3}
set1.difference(set2)	集合差集運算，亦可利用「-」運算子	set3 = set1.difference(set2) print(set3)	{1}
set1.difference_update(set2)	集合差集運算，更新至 set1	set1.difference_update(set2) print(set1)	{1}
set1.symmetric_difference(set2)	集合互斥運算，亦可利用「^」運算子	set3 = set1.symmetric_difference(set2) print(set3)	{1, 4, 5}
set1.symmetric_difference_update(set2)	集合互斥運算，更新至 set1	set1.symmetric_difference_update(set2) print(set1)	{1, 4, 5}

隨堂練習 ex04_09.py

請利用集合，設計檢視檔案中關鍵字（reading,comprehension,digital,strategies, ability）的數量。

[執行結果]

```
請輸入檔案名稱:keyword.txt
檔案中的關鍵字出現 18 次
```

[程式碼]

```python
1.  import os.path
2.  import sys
3.  keywords = {"reading","comprehension","digital","strategies","ability"}
4.  filename = input(" 請輸入檔案名稱 :").strip()
5.  if not os.path.isfile(filename):
6.      print("%filename 檔案不存在 "%(filename))
7.      sys.exit()
8.  pfile = open(filename,"r")
9.  ptext = pfile.read().split()
10. pcount = 0
11. for word in ptext:
12.     if word in keywords:
13.         pcount +=1
14. print(" 檔案中的關鍵字出現 %d 次 "%(pcount))
```

[程式說明]

第 1 行至第 2 行匯入 os.path 與 sys 函式庫。

第 3 行指定關鍵字內容。

第 4 行輸入要比對的檔案名稱。

第 5 行至第 7 行判斷檔案是否存在。

第 8 行至第 9 行讀取檔案的內容。

第 10 行指定計數變數。

第 11 行至第 13 行計算檔案出現關鍵字的次數。

第 14 行輸出計算的結果。

4.9　字典

字典包含沒有順序、沒有重複且可改變內容的多個鍵：值的配對，屬於對映型別（mapping type），也就是以鍵來作為索引藉以存取字典中的值。

4.9.1　建立字典

建立字典可使用 {} 或者是 Python 中內建的 dict() 函式、或者是 dict() 函式中以等號來加以建立，以下將分別說明。

第一種建立字典的方式是字典前後以大括號來加以標示，其中的鍵：值配對是以逗號分隔，語法如下所示。

字典名稱 = { 鍵 1: 值 1, 鍵 2: 值 2, ... }

```
dict1 = {"one":1, "two":2, "three":3}
```

第二種建立字典的方式是利用 Python 內建的 dict() 函式來加以建立，語法如下所示。

字典名稱 = dict({ 鍵 1: 值 1, 鍵 2: 值 2, ... })

```
dict1 = dict({"one":1, "two":2, "three":3})
```

第三種建立字典的方式也是利用 dict() 函式來建立，語法如下所示。

字典名稱 = dict([[鍵 1, 值 1], [鍵 2, 值 2], ...])

```
dict1 = dict([["one",1],["two",2], ["three",3]])
```

第四種建立字典的方式則是利用等號（＝）來建立，語法如下所示。

字典名稱 = dict(鍵 1= 值 1, 鍵 2= 值 2, ...)

```
dict1 = dict(one=1, two=2, three=3)
```

若要建立空字典時則可利用 {} 或者是 dict() 來加以建立，如下所示。

```
dict1 = {}
dict1 = dict()
```

4.9.2　讀取字典

建立字典之後，使用者即可利用鍵來取得配對的值，例如：

```
dict1 = {"one":1, "two":2, "three":3}
print(dict1["three"])
```

字典是使用鍵來作為索引取得配對的值，所以鍵必須要唯一，而值則是可以重複，如果鍵重複的話，則前面的鍵會被覆蓋，只有最後的鍵才會存在。

由於元素在字典中的排序順序是隨機排列，所以不能以位置數值來作為索引值，而且，若輸入的鍵值不存在時，字典的讀取會產生錯誤，因此為了避免讀取字典的鍵不存在而產生錯誤，導致程式中斷的情形發生，Python 另外提供了 get() 函式來取得字典的元素值，此函式來讀取字典的元素值時，不會因為鍵不存在而產生錯誤，其語法如下所示。

```
字典名稱 .get( 鍵 [, 預設值 ])
```

上述 get() 函式若沒有預設值時，鍵存在即會回傳與鍵配對的值，若鍵不存在時，會傳回 None；若有預設值時，鍵存在仍然會回傳與鍵配對的值，但若鍵不存在時，則會回傳預設值，如下所示。

```
print(dict1.get("three"))
3
```

上述的程式碼中，因為 "three" 存在，所以回傳 three 所配對的 3。

```
print(dict1.get("four"))
None
```

上述的程式碼中，因為 "four" 不存在字典中，所以回傳 None。

```
print(dict1.get("three",4))
3
```

上述的程式碼中，因為 "three" 存在字典中，所以回傳 three 所配對的 3，而不是預設值 4。

```
print(dict1.get("four",4))
4
```

上述的程式碼中，因為 "four" 不存在字典中，所以回傳預設值 4。

4.9.3　維護字典

　　以下將說明字典的新增、修改與刪除元素資料，首先要介紹的是字典的新增元素資料。

1. 新增修改字典元素

　　字典新增元素以及修改元素的語法相同，如下所示。

　　字典名稱 [鍵]= 值

　　上述中，若鍵值不存在，即新增字典的元素，若鍵值存在即是修改字典元素。

[程式碼]

```
1. dict1 = {"one":1, "two":2, "three":3}
2. dict1["four"]=4
3. print(dict1)
```

　　上述的程式碼中，第 2 行中的 "four" 並未存在於字典中，所以此為新增 dict1 字典的元素，因此第 3 行程式執行結果如下所示。

[執行結果]

```
{'one': 1, 'two': 2, 'three': 3, 'four': 4}
```

　　以下為修改字典元素的範例。

[程式碼]

```
1. dict1 = {"one":1, "two":2, "three":3}
2. dict1["three"]=9
3. print(dict1)
```

　　上述的程式碼中，第 2 行中的 "three" 鍵已存在於字典中，所以此為修改 dict1 字典的元素，因此第 3 行程式執行結果如下所示，"three" 所配對的值已由 3 修改至為 9。

[執行結果]

```
{'one': 1, 'two': 2, 'three': 9}
```

　　若要複製字典可以利用 dict.copy() 函式，範例如下所示。

[程式碼]

```
1.  dict1 = {"one":1, "two":2, "three":3}
2.  dict2 = dict1.copy()
3.  print(dict2)
```

　　上述的程式碼中，第 2 行中的 dict1.copy() 即是複製 dict1 字典，因此第 3 行程式執行結果如下所示。

[執行結果]

```
{'one': 1, 'two': 2, 'three': 3}
```

2. 刪除字典元素

　　刪除字典元素有三種情況，如下所示。

　　第一種是刪除字典中特定的元素資料，語法如下所示。

```
del 字典名稱 [ 鍵 ]
```

　　程式範例如下所示。

[程式碼]

```
1. dict1 = {"one":1, "two":2, "three":3}
2. del dict1["three"]
3. print(dict1)
```

[執行結果]

```
{'one': 1, 'two': 2}
```

第二種是刪除字典中所有的元素資料，語法如下所示。

```
字典名稱 .clear()
```

程式範例如下所示。

[程式碼]

```
1. dict1 = {"one":1, "two":2, "three":3}
2. dict1.clear()
3. print(dict1)
```

[執行結果]

```
{}
```

第三種是刪除字典，字典刪除之後，字典就不存在了，語法如下所示。

> del 字典名稱

程式範例如下所示。

[程式碼]

```
1. dict1 = {"one":1, "two":2, "three":3}
2. del dict1
3. print(dict1)
```

因為上述第二行程式碼將 dict1 這個字典刪除，字典就不存在了，所以程式執行結果會出現「name 'dict1' is not defined」的錯誤。

4.9.4 進階操作

字典除了基本的建立字典，新增、修改與刪除字典等基本的字典維護操作之外，尚有許多針對字典的進階操作，以下將分別說明如下。

4.9.4.1 計算元素的個數

字典的內建函式中計算元素的個數可以利用 len() 函式，它會傳回字典元素的個數，範例如下所示。

[程式碼]

```
dict1 = {"one":1, "two":2, "three":3}
print(len(dict1))
```

[執行結果]

4.9.4.2　字典的運算子

　　字典不支援連接運算子（＋）、重複運算子（＊）、索引運算子（[]）、片段運算子（[開始 : 結束]）或其他與順序相關的運算，但是字典支援 in 與 not in 運算子，可以用來檢查所指定的鍵是否存在於字典之中，範例如下所示。

[程式碼]

```
dict1 = {"one":1, "two":2, "three":3}
print("one" in dict1)
```

[執行結果]

```
True
```

　　上述程式碼中，因為 "one" 存在於 dict1 字典中，所以輸出為 True。

```
print("ten" not in dict1)
```

[執行結果]

```
True
```

　　上述程式碼中，因為 "ten" 不存在於 dict1 字典中，"ten" not in dict1 的邏輯運算為 True。

　　另外，字典亦支援「==」、「!=」等兩個比較運算子，至於「>」、「>=」、「<」、「<=」等比較運算子亦不適用於字典。

[程式碼]

```
dict1 = {" 國語 ":1," 數學 ":2," 英文 ":3}
dict2 = {" 物理 ":4," 國語 ":1," 數學 ":2," 英文 ":3}
dict3 = {" 英文 ":3," 國語 ":1," 數學 ":2}
print(dict1==dict2)
```

[執行結果]

```
False
```

　　上述程式碼中「==」是代表若包含相同的鍵值配對元素，即會傳回 True，否則傳回 False，因為 dict1 與 dict2 的字典中包含不同的元素，所以傳回 False。

```
print(dict1==dict3)
```

[執行結果]

```
True
```

　　上述程式碼中因為 dict1 與 dict3 的字典中包含相同的元素，所以傳回 True。

```
print(dict2!=dict3)
```

[執行結果]

```
True
```

　　上述程式碼中「!=」是代表若包含不同的鍵值配對元素，即會傳回 True，否則傳回 False，因為 dict2 與 dict3 的字典中包含不同的元素，所以傳回 True。

```
print(dict1 is dict3)
```

[執行結果]

```
False
```

　　上述程式碼中「is」是代表若相同的字典，即會傳回 True，否則傳回 False，因為 dict1 與 dict3 是不同的字典，所以傳回 False。

4.9.4.3　取得字典中的鍵值

　　字典中可以利用 keys() 函式來取得字典的所有鍵，資料型態是為 dict_keys，範例如下所示。

[程式碼]

```
1. dict1 = {"one":1, "two":2, "three":3}
2. key1 = dict1.keys()
3. print(key1)
```

[執行結果]

```
dict_keys(['one', 'two', 'three'])
```

　　雖然上述的結果看起來像是串列，但是它不能以索引方式來取得元素值，必須要將它轉為串列的資料型態才可以利用索引方式來取得元素值，如下所示。

[程式碼]

```
1. dict1 = {"one":1, "two":2, "three":3}
2. key1 = list(dict1.keys())
3. print(key1[0])
```

[執行結果]

```
one
```

除此之外，字典中可以利用 values() 函式來取得所有字典中的值，資料型態為 dict_values，其使用方式與 dict_keys 完全相同，範例如下所示。

[程式碼]

```
1. dict1 = {"one":1, "two":2, "three":3}
2. value1 = list(dict1.values())
3. print(value1[0])
```

[執行結果]

```
1
```

4.9.4.4 同時取得字典鍵值

上述中的 keys() 與 values() 可以分別取得字典的「鍵」與「值」，另外，若在字典中利用 items() 函式則可以同時取得字典的「鍵」與「值」，資料型態為 dict_items，範例如下所示。

[程式碼]

```
1. dict1 = {"one":1, "two":2, "three":3}
2. item1 = dict1.items()
3. print(item1)
```

[執行結果]

```
dict_items([('one', 1), ('two', 2), ('three', 3)])
```

　　將 dict_items 資料型態以 list() 函式轉換為串列後相當於二維串列，可以取得字典的元素值，範例如下所示。

[程式碼]

```
1. dict1 = {"one":1, "two":2, "three":3}
2. item1 = list(dict1.items())
3. print(item1[1])
4. print(item1[1][0])
5. print(item1[1][1])
```

[執行結果]

```
('two', 2)
two
2
```

　　因為 items() 函式的功能同時包含了「鍵」與「值」，因此與 keys()、values() 相較之下，items() 函式來取得字典的鍵值更為方便。

4.9.4.5 設定字典的預設值

字典中的 setdefault() 函式，其功能與使用方式、傳回值都與 get() 功能類似，不同之處在於是否要改變字典的內容，get() 函式不能改變字典的內容，至於 setdefault() 函式則可能改變字典的內容，語法如下所示。

> 字典名稱 .setdefault(鍵 [, 預設值])

上述 setdefault() 函式若沒有預設值時，鍵存在即會回傳與鍵配對的值，若鍵不存在時，會改變字典內容，新增鍵，其值傳回 None；若有預設值時，鍵存在仍然會回傳與鍵配對的值，但若鍵不存在時，則會改變字典內容，新增鍵，其配對的值為預設值，範例如下所示。

[程式碼]

```
1. dict1 = {"one":1, "two":2, "three":3}
2. print(dict1.setdefault("one"))
3. print(dict1)
```

上述的程式碼中，因為 "one" 存在，所以回傳 one 所配對的 1，而且原字典並不會改變，如下所示。

[執行結果]

```
1
{'one': 1, 'two': 2, 'three': 3}
```

下列範例為鍵不存在，沒有預設值的情形。

[程式碼]

```
1. dict1 = {"one":1, "two":2, "three":3}
2. print(dict1.setdefault("four"))
3. print(dict1)
```

上述的程式碼中，因為 "four" 不存在，所以回傳 None，此時原字典會改變
新增一個元素，鍵為 four，所配對的值為 None，如下所示。

[執行結果]

```
None
{'one': 1, 'two': 2, 'three': 3, 'four': None}
```

下列範例為鍵存在，有預設值的情形。

[程式碼]

```
1. dict1 = {"one":1, "two":2, "three":3}
2. print(dict1.setdefault("one",9))
3. print(dict1)
```

上述的程式碼中，因為 "one" 存在，所以回傳 one 所配對的 1，而且原字典
並不會改變，如下所示。

[執行結果]

```
1
{'one': 1, 'two': 2, 'three': 3}
```

下列範例為鍵不存在，有預設值的情形。

[程式碼]

```
1. dict1 = {"one":1, "two":2, "three":3}
2. print(dict1.setdefault("four",4))
3. print(dict1)
```

上述的程式碼中，因為 "four" 不存在，所以回傳預設值 4，此時原字典會改變新增一個元素，鍵為 four，所配對的值為預設值 4，如下所示。

[執行結果]

```
4
{'one': 1, 'two': 2, 'three': 3, 'four': 4}
```

隨堂練習 ex04_10.py

請利用字典，計算檔案中各個單字出現次數最多的前 5 名。

[執行結果]

```
請輸入檔案名稱 :keyword.txt
to        29
the       29
reading 18
of        18
students        16
```

[程式碼]

```
1. import os.path
2. import sys
```

```
3.  filename = input(" 請輸入檔案名稱 :").strip()
4.  if not os.path.isfile(filename):
5.      print("%filename 檔案不存在 "%(filename))
6.      sys.exit()
7.  pfile = open(filename,"r")
8.  ptext = pfile.read().split()
9.  pcount = {}
10. for line in ptext:
11.     line = line.lower()
12.     for ch in line:
13.         if ch in "~@#$%^&*()_-+=<>?/,.;:!{}[]'\"":
14.             line=line.replace(ch," ")
15.     words = line.split()
16.     for word in words:
17.         if word in pcount:
18.             pcount[word] +=1
19.         else:
20.             pcount[word]=1
21. pairs = list(pcount.items())
22. items = [[x,y] for (y,x) in pairs]
23. items.sort()
24. for i in range(len(items)-1, len(items)-6,-1):
25.     print(items[i][1]+"\t"+str(items[i][0]))
```

[程式說明]

第 1 行至第 2 行匯入 os.path 與 sys 函式庫。

第 3 行輸入要比對的檔案名稱。

第 4 行至第 6 行判斷檔案是否存在。

第 7 行至第 8 行讀取檔案的內容。

第 9 行指定計數變數。

第 10 行至第 20 行計算單字出現的次數。

第 21 行至第 23 行單字排序。

第 24 行至第 25 行輸出單字出現次數的前 5 名結果。

習題

01. 請利用 list1=[12,88,76,63,23,26]，回答以下的問題 (1) 第一個元素的索引是多少？(2) 最後一個元素的索引是多少？(3)list1[2] 是多少？list1[-2] 是多少？

02. 請撰寫一個程式，讀取一串列的整數，串列中包括 3 個整數，顯示反轉所讀取的整數值。

03. 請撰寫一個程式，此程式可以檢查兩個單字是否為 anagrams，anagrams 表示兩個單字包含相同的字元，例如 tone 與 note，lemon 與 melon。

04. 請撰寫一個程式，讀取 5 位學生成績，輸入完成後計算有多少分數高於或等於平均數，另外計算有多少分數低於平均數。

05. 請設計一個程式，此程式可以計算出所輸入字串中，「a」出現的次數。

函式

5.1 自訂函式

專題或者是大型的程式發展中，一般會將具有特定功能或者是重複執行的程式，撰寫一個較小的單元，而此單元稱之為「函式」，而此函式在程式需要時即可呼叫該函式來執行相關的工作。

使用函式具有以下的優點。

1. 函式具有重複使用性，程式之中不同的地方呼叫相同的函式，不必重複撰寫相同敘述的程式。

2. 程式加入函式之後，較為精簡，程式的可讀性會大大提升，日後的除錯與維護較為容易。

3. 團隊合作開發程式時，利於分工，可縮短開發的時間。

5.1.1 函式格式

Python 中是以 def 命令來建立函式，呼叫函式可以傳遞多個參數，執行完成函式也可以傳回多個數值，語法如下所示。

```
def 函式名稱 ([ 參數 1, 參數 2, ...]):
    程式區塊
    [return 傳回值 1, 傳回值 2, ...]
```

說明如下。

def：這個關鍵字是用來表示定義函式。

函式名稱：命名規則與變數相同，由於標準函式或第三方函式庫幾乎都是以英文命名，因此建議不要用中文命名。

[參數 1, 參數 2, ...]：參數可以傳送一個或者是多個，也可以不要傳送參數，若有多數參數，中間以逗號來隔開，參數主要是接收呼叫函式所傳遞的參數資料。

程式區塊：函式中程式主要部分，用來執行指定的動作，程式區塊必須以 def 關鍵字爲基準向右縮排，同時縮排要整齊，表示這些程式是在 def 區塊內。

[return 傳回值 1, 傳回值 2, ...]：傳回值可以是一個或者是多個，也可以沒有傳回值，若沒有傳回值，return 敘述也可以省略不寫，若有多個傳回值，中間是以逗號來隔開。

例如建立一個名稱爲 sayhello 的函式，可以顯示「Hello World!」，此函式沒有傳入參數也沒有傳回值，如下所示。

```
def sayhello():
    print("Hello World!")
```

另外，建立一個計算長方形面積的函式，呼叫函式時只要傳入長與寬等二個參數，即會回傳長方形面積，如下所示。

```
def calarea(height, width):
    result = height*width
    return result
```

上述的函式中，函式名稱爲 calarea，傳入參數爲 height、width 等二個參數，傳回值爲 result。

函式建立之後並不會執行，必須要在主程式中加以呼叫才會執行，呼叫函式的語法如下所示。

[變數 1, 變數 2, ...=] 函式名稱 ([參數 1, 參數 2, ...])

如果函式有傳回值，可利用變數來儲存傳回值，如下範例所示。

[程式碼]

```
1. def calarea(height, width):
2.     result = height*width
3.     return result
4. getarea = calarea(10,6)
5. print(getarea)
```

[執行結果]

```
60
```

假如函式有多個傳回值,則必須要使用相同數量的變數來儲存函式的傳回值,變數之間則是以逗號來隔開,範例如下所示。

以下的函式為計算二數相除之後的商數與餘數,因此函式傳回值分別有商數與餘數,如下所示。

[程式碼]

```
1. def divmode(x,y):
2.     div = x//y
3.     mod = x%y
4.     return div, mod
5. pdiv, pmod = divmode(70,6)
6. print("70 除以 6 的商數為 %d,餘數為 %d"%(pdiv, pmod))
```

[執行結果]

```
70 除以 6 的商數為 11,餘數為 4
```

　　如果參數的數量較多，呼叫時往往會弄亂參數的順序而導致錯誤的結果，因此可以在呼叫函式時輸入參數的名稱，而此種方式則與參數的順序就沒有關係了，而且可以減少錯誤，例如以下三種呼叫函式的結果皆相同。

[程式碼]

```
1. def calarea(height, width):
2.     result = height*width
3.     return result
4. getarea1 = calarea(10,6)
5. getarea2 = calarea(height=10, width=6)
6. getarea3 = calarea(width=6, height=10)
7. print(getarea1, getarea2, getarea3)
```

隨堂練習　ex05_01.py

　　請設計一個函式，名稱為 pmax()，函式功能為找出輸入的 2 個整數中較大的數。

[執行結果]

```
請輸入第 1 個整數 12
請輸入第 2 個整數 77
12 與 77 這 2 個整數中，較大的數為 77
```

[程式碼]

```
1. def pmax(n1, n2):
2.     if n1>n2:
3.         result = n1
4.     else:
5.         result = n2
```

```
6.        return result
7. n1=int(input(" 請輸入第 1 個整數 "))
8. n2=int(input(" 請輸入第 2 個整數 "))
9. print("%d 與 %d 這 2 個整數中，較大的數為 %d"%(n1,n2,pmax(n1,n2)))
```

[程式說明]

第 1 行至第 6 行為宣告 pmax() 函式。

第 7 行讀取一個整數。

第 8 行讀取另一個整數。

第 9 行呼叫函式輸出比較結果。

5.1.2 參數預設值

自訂函式時若設定需要傳入參數，呼叫函式時如果沒有傳入參數時就會產生錯誤，而為了避免使用函式時因未傳入正確參數而導致錯誤，建立函式時可以為參數設定預設值。當呼叫函式，如果沒有傳入正確參數時，會自動使用參數的預設值，參數設定預設值的方法為函式中的「參數 = 值」，參數預設值的範例（ex05_02.py）如下所示。

[程式碼]

```
1. def calarea(height, width=6):
2.     result = height*width
3.     return result
4. getarea = calarea(10)
5. print(getarea)
```

[執行結果]

　　雖然此函數需要同時傳入 height 與 width 等二個參數，但是因爲 width 有設定參數預設值 width=6，所以雖然只傳入一個參數，另外一個參數會自動使用參數預設值，所以傳回值爲 10*6=60。

　　以下爲同時傳入二個參數的範例程式（ex05_03.py）。

[程式碼]

```
1. def calarea(height, width=6):
2.     result = height*width
3.     return result
4. getarea = calarea(10, 7)
5. print(getarea)
```

[執行結果]

```
70
```

　　雖然此函數的 width 參數設定參數預設值 6，但是呼叫時同時傳入 height 與 width 等二個參數，所以仍然會以傳入的參數爲主，因此結果爲 10*7=70。

　　設定參數預設值時必須要置於參數串列的最後，否則仍然會導致錯誤產生，例如：

```
def calarea(height=12, width):
```

　　上述宣告函式會產生錯誤，因爲參數預設值需要列在最後，需將 height=12 移至最後才是正確的寫法。

5.1.3 變數有效範圍

變數在程式中依其有效範圍分為全域變數與區域變數。全域變數代表的是定義在函式外的變數，其有效的範圍是整個程式，包括函式。

區域變數代表的是定義在函式中的變數，其有效的範圍僅限於函式之中。

程式撰寫中要特別注意到變數的有效範圍，程式設計中若未精準地注意到變數的有效範圍往往會改變變數中的值，而對於程式產生了無可預期的結果，稱之為邊際效應（side effect）。

Python 的程式撰寫中，若有相同名稱的全域變數與區域變數，以區域變數優先，在函式中會使用區域變數，在函式外時，則會因為區域變數不存在，所以使用全域變數，說明範例（ex05_04.py）如下所示。

[程式碼]

```
1. def scope():
2.     var1 = 1
3.     print(var1, var2)
4. var1 = 3
5. var2 = 4
6. print(var1, var2)
7. scope()
8. print(var1, var2)
```

程式說明：首先第 6 行輸出 var1 與 var2 時，因為在函式外，所以呼叫的是全域變數 var1 與 var2，所以為 3 與 4。第 7 行呼叫 scope() 函式時，其在第 3 行所執行的 var1 是為函式中的區域變數，而 var2 仍然是全域變數，所以輸出時為區域變數中的 var1=1 以及全域變數 var2 的 4，之後返回主程式時，第 8 行的輸出又恢復到全域變數的 var1 與 var2，所以輸出為 3 與 4。

假如要在函式中使用全域變數，可以使用關鍵字 global 來加以宣告，說明範例（ex05_05.py）如下所示。

[程式碼]

```
1. def scope():
2.     global var1
3.     var1 = 1
4.     print(var1, var2)
5. var1 = 3
6. var2 = 4
7. print(var1, var2)
8. scope()
9. print(var1, var2)
```

　　上述的程式中，函式中 var1 宣告為全域變數，所以第 7 行所輸出的是全域
變數的 var1 以及 var2，因此為 3 與 4，另外在第 8 行中呼叫 scope() 函式，因為
第 2 行宣告函式中的 var1 為全域變數，並且將全域變數的 var1 指定為 1，所以
第 4 行函式中的輸出仍然是全域變數 var1 與 var2，只是 var1 值已被指定為 1，
所以輸出為 1 與 4，函式結束後，回到主程式第 9 行的全域變數 var1 與 var2，
請注意 var1 全域變數已在函式中被重新指定，所以主程式的輸出仍然為 1 與 4。

5.2　數值函式

　　Python 內建許多函式，程式設計者可以直接加以引用，只要符合函式的規
則，就可以設計符合需求的應用程式，以下將說明內建的數值函式。

5.2.1　常見數值函式

　　以下為 Python 常見的數值函式。

函式	意義	範例	結果
abs(x)	計算 x 的絕對值	abs(-7)	7

函式	意義	範例	結果
chr(x)	取得整數 x 的 ASCII 編碼值	chr(66)	B
divmod(x,y)	取得 x 除以 y 的商數及餘數的元組	divmod(70,6)	(11,4)
float(x)	將 x 轉換為浮點數	float("70")	70.0
hex(x)	將 x 轉換為十六進位數字	hex(70)	0x46
int(x)	將 x 轉換為整數	int(70.67)	70
len(x)	取得元素個數	len([2,4,6])	3
max(list)	取得參數串列中的最大值	max(2,4,6)	6
min(list)	取得參數串列中的最小值	min(2,4,6)	2
oct(x)	將 x 轉換成八進位數字	oct(70)	0o106
ord(x)	取得字元 x 的 Unicode 編碼值	ord(" 中 ")	20013
pow(x,y)	計算 x 的 y 次方	pow(3,2)	9
round(x)	計算 x 的四捨六入之近似值	round(56.7)	57
sorted(list)	由小到大加以排序	sorted([2,6,4])	[2,4,6]
str(x)	將 x 轉換成字串	str(56.7)	"56.7"
sum(list)	計算串列元素的總和	sum([2,4,6])	12

5.2.2 指數、商數、餘數

---

pow() 函式

---

pow() 函式可做指數運算，語法如下所示。

pow(x, y [, z])

如果只有 x、y 二個參數，傳回值為 x 的 y 次方，例如：

pow(3, 2)

函式計算結果為 3^2=9。

若除了 x、y 二個參數外，還有 z 參數則其運算為先計算 x 的 y 次方，再計算除以 z 的餘數，例如：

pow(3, 2, 4)

函式計算結果為 1，計算過程為 3^2=9，9÷4=2...1，餘數為 1，所以結果為 1。

---

divmod() 函式

divmod() 函式的計算結果會同時傳回二數相除之後的商數與餘數，語法如下所示。

divmod(x, y)

商數與餘數的傳回值是以元組資料型態呈現，例如：

```
result = divmod(70,6)
print("70 除以 6 的商數為 %d，餘數為 %d"%(result[0], result[1]))
```

程式執行結果如下所示。

```
70 除以 6 的商數為 11，餘數為 4
```

---

round() 函式

round() 函式是以四捨六入的方法取概數，語法如下所示。

round(x [, y])

四捨六入取概數的方法即若是 4（含）以下即捨去，若 6（含）以上即進位，若是 5 則視前一位數值而定，若前一位數值是奇數即進位，若是偶數則捨去，因此四捨六入取概數的方法又被稱爲四捨六入五成雙。若只有一個 x 參數時，傳回值即四捨六入五成雙的概數值，範例如下所示。

round(7.4)，函式結果爲 7，若是 round(7.6) 則函式結果爲 8，若是 round(7.5) 則因爲整數值爲 7 是奇數，所以函式結果爲 8，若是 round(6.5) 則函式結果爲 6。

若此函式除了 x 參數之外尚有 y 參數，則 y 參數是設定概數的小數位數，例如：round(7.43, 1) 則概數取至小數一位，即函式結果爲 7.4。

5.2.3　最小值、最大值、總和

min() 函式

min() 函式是計算一群數值的最小值，範例如下說明。

min(2, 4, 6) 函式計算結果爲 2，若是 min([2, 4, 6]) 計算結果亦是爲 2。

max() 函式

max() 函式是計算一群數值的最大值，範例如下說明。

max(2, 4, 6) 函式計算結果爲 6，若是 max([2, 4, 6]) 計算結果亦是爲 6。

sum() 函式

sum() 函式是計算一群數值的總和，範例如下說明。

sum((2, 4, 6),) 函式計算結果爲 12，若是 sum([2, 4, 6]) 計算結果亦是爲 12，請注意若利用 sum((2,4,6),) 計算總和是會有 2 個參數，第 2 個參數爲加總後需要再加的數值，例如 sum((2,4,6),3) 的結果爲 15，即爲 2+4+6=12 後再加第 2 個參數值 3，所以爲 12+3=15。

5.3　字串函式

　　以下將介紹 Python 語言中常見的字串函式、字串的連接、字串的檢查、字串的排版以及關於搜尋與取代字串的相關函式說明如下。

5.3.1　常見字串函式

　　以下為 Python 常見的字串函式。

函式	意義	範例	結果
center(n)	將字串擴充 n 個字元且置中	print("dog".center(8))	" dog "
find(s)	搜尋 s 字串在字串中的位置	print("dog".find("o"))	1
endswith(s)	判斷字串是否以 s 字串結尾	print("dog".endswith("g"))	True
islower()	判斷字串是否都是小寫字母	print("Dog".islower())	False
isupper()	判斷字串是否都是大寫字母	print("DOG".isupper())	True
s.join(list)	將串列中元素以 s 字串作為連接字元組成字串	st1="#".join(["d","o","g"]) print(st1)	d#o#g
len()	計算字串的長度	print(len("dog"))	3
ljust(n)	將字串擴充 n 個字元且靠左	print("dog".ljust(8))	"dog "
lower()	將字串都轉為小寫字母	print("DOG".lower())	dog
lstrip()	移除字串左方的空白字元	print(" dog ".lstrip())	"dog "
replace(s1,s2)	將字串中的 s1 字串以 s2 字串取代	print("dog".replace("o","a"))	dag
rjust(n)	將字串擴充 n 個字元且靠右	print("dog".rjust(8))	" dog"
rstrip()	移除字串右方的空白字元	print(" dog ".rstrip())	" dog"
split(s)	將字串以 s 字串為分隔字元分割為串列	print("d#o#g".split("#"))	['d', 'o', 'g']
startswith(s)	判斷字串是否以 S 字串開頭	print("dog".startswith("g"))	False
strip()	移除字串左右方的空白字元	print(" dog ".strip())	"dog"
upper()	將字串都轉為大寫字母	print("dog".upper())	DOG

5.3.2 連接字串

> join() 函式

join() 函式可將串列中元素連接組成一個字串，語法如下所示。

```
連接字串 .join( 串列 )
```

join() 函式會在串列的元素之間以連接字串來組成一個字串，例如：

```
list1 = ["This","is","a","dog."]
print(" ".join(list1))
```

程式執行結果如下。

```
This is a dog.
```

如果連接字串換成 "#"，範例如下所示。

```
list1 = ["This","is","a","dog."]
print("#".join(list1))
```

程式執行結果如下。

```
This#is#a#dog.
```

　　split() 函式

　　split() 函式的功能與 join() 函式恰好相反，split() 函式是將一個字串以指定方式分割為串列，語法如下所示。

　　字串 .split([分割字串])

　　分隔字串可有可無，若未傳入分隔字串的參數，其預設值為 1 個空白字元，範例如下所示。

```
str1 = "This is a dog."
print(str1.split())
```

　　程式執行結果如下所示。

```
['This', 'is', 'a', 'dog.']
```

　　字串的輸入時若以空白為元素的分隔依據，結合 split() 時，輸入之範例如下所示。

```
ps = input(" 請輸入一串列的整數，數目之間利用空白分隔：")
pitems = ps.split()
pnumbers = [ eval(x) for x in pitems ]
print(pnumbers)
```

　　程式執行結果如下所示。

```
請輸入一串列的整數，數目之間利用空白分隔：12 25 36 85 47
[12, 25, 36, 85, 47]
```

隨堂練習 ex05_06.py

請設計一個程式，利用內定的字串函數 s.join(list)，輸入十進位的數值後，轉換爲二進位的數值後輸出。

[執行結果]

```
請輸入要轉換的十進位數字 :12
轉換爲二進位數字爲 :1100
```

[程式碼]

```
1.  pnum = int(input(" 請輸入要轉換的十進位數字 :"))
2.  presult=""
3.  while(pnum!=0):
4.      pdata=str(pnum%2)
5.      presult="".join([pdata,presult])
6.      pnum=pnum//2
7.  print(" 轉換爲二進位數字爲 :%s"%presult)
```

[程式說明]

第 1 行讀取一個十進位的整數值。

第 2 行設定轉換值的初始值。

第 3 行至第 6 行爲轉換至二進位數值的迴圈。

第 4 行計算每次除以 2 之後的餘數。

第 5 行將餘數儲存至輸出的值。

第 6 行計算每次除以 2 之後的商數。

第 7 行輸出轉換的結果。

5.3.3　檢查字串

startswith() 函式

startswith() 函式是檢查字串是否以指定字串開頭，語法如下所示。

字串 .startswith(起始字串)

上述的函式中，如果字串的開頭是起始字串的話，函式的回傳值即為 True，否則是為 False，範例如下所示。

```
str1 = "mailto:test@demo.com.tw"
print(str1.startswith("mailto"))
```

程式執行結果如下所示。

```
True
```

endswith() 函式

endswith() 函式是檢查字串的結束字串是否為所指定的結束字串，語法如下所示。

字串 .endswith(結束字串)

上述函式中，若字串的結束字串是指定的字串時，函式的回傳值即為 True，否則為 False，範例如下所示。

```
str1 = "mailto:test@demo.com.tw"
print(str1.endswith("tw"))
```

程式執行結果如下所示。

```
True
```

5.3.4 字串排版

下述的字串函式是以關於調整字串格式的函式，常見的字串排版相關函式如下所示。

---
ljust() 函式

---

ljust() 函式是將字串填滿所指定的字串長度，而原始字串為置左靠齊，語法如下所示。

字串 .ljust(字串長度 [, 填滿字串])

上述函式各參數的意義說明如下。

字串長度：此參數為設定填滿字串的長度，如果字串小於原始字串的長度，則設定的字串長度無效。

填滿字串：此參數為設定填滿字串空白的字元，預設值為空白字元，而填滿字串只能有一個字元，若參數為二個以上的字串則會產生錯誤。

範例（ex05_07.py）如下所示。

[程式碼]

```
1.  str1 = "dog"
2.  print(str1.1just(7))
3.  print(str1.1just(7,"#"))
```

上述程式中的第 1 行將 str1 指定為 "dog"，而第 2 行則是將 str1 原來長度 3

擴充至 7 並且向左靠齊，因為沒有第 2 個參數，所以填滿字串內定為一個空白，因此結果為 "dog   "，右邊有 4 個空白，第 3 行則是將這 4 個空白利用 "#" 來加以填滿，所以結果為 "dog####"。

---

rjust() 函式

---

rjust() 函式是將字串填滿所指定的字串長度，而原始字串為置右靠齊，語法如下所示。

字串 .rjust(字串長度 [, 填滿字串])

上述函式與 ljusr() 函式的各參數意義相同，不再贅述，範例（ex05_08.py）程式如下所示。

[程式碼]

```
1.  str1 = "dog"
2.  print(str1.rjust(7,"#"))
```

[執行結果]

```
####dog
```

---

center() 函式

---

center() 函式是將字串填滿所指定的字串長度，而原始字串為置中靠齊，語法如下所示。

字串 .center(字串長度 [, 填滿字串])

上述函式與 ljust()、rjust() 函式的各參數意義相同，不再贅述。

範例（ex05_09.py）如下所示。

[程式碼]

```
1. str1 = "dog"
2. print(str1.center(7,"#"))
```

[執行結果]

```
##dog##
```

---

lstrip()、rstrip()、strip() 函式

---

lstrip()、rstrip()、strip() 等三個函式分別是移除字串的空白字元，lstrip() 函式為移除字串左方字元，rstrip() 函式為移除字串右方字元，strip() 函式則為移除字串左右方字元，語法如下所示。

字串 .strip()

上述的函式中，是移除字串的空白字元，但若是文字之間的空白字元則不會移除。

範例（ex05_10.py）如下所示。

[程式碼]

```
1. str1 = "  This is a dog.  "
2. print(str1.lstrip())
3. print(str1.rstrip())
4. print(str1.strip())
```

上述的程式碼中，第 1 行是指定 str1 的字串內容為 " This is a dog. "，第 2

行則去除 str1 字串左方的空白，所以程式執行結果為 "This is a dog. "，第 3 行則去除 str1 字串右方的空白，所以程式執行結果為 " This is a dog."，第 4 行則去除 str1 字串左右方的空白，所以程式執行結果為 "This is a dog."。

5.3.5　搜尋取代

以下的字串函式是有關於搜尋字串以及字串中字元的取代相關功能，分別說明如下。

---

find() 函式

---

find() 函式是尋找目標字串在字串中的位置索引，語法如下所示。

字串 .find(目標字串)

上述字串中若目標字串不存在字串中，函式回傳值為「-1」，否則會傳回目標字串在字串中的位置索引，範例（ex05_11.py）如下所示。

[程式碼]

```
1. str1 = "I like Python."
2. print(str1.find("like"))
3. print(str1.find("Pascal"))
```

上述的程式碼中，第 2 行是搜尋 "like" 在字串 "I like Python" 的位置索引，注意位置是由「0」開始計算，所以程式執行結果為「2」，第 3 行則是搜尋 "Pascal" 在字串 "I like Python" 的位置索引，因為目標字串不存在字串中，所以函式傳回值為「-1」。

---

replace() 函式

---

　　replace() 函式是尋找目標字串在字串中並利用取代字串來加以取代，語法如下所示。

　　字串 .replace(目標字串 , 取代字串 [, 取代次數])

　　上述字串中的目標字串將會以取代字串來加以取代，取代次數若省略則字串中所有的目標字串都會被取代字串來加以取代，否則只會依取代的次數來加以取代，範例（ex05_12.py）如下所示。

[程式碼]

```
str1 = "I like Python."
print(str1.replace("Python","Pascal"))
```

[執行結果]

```
I like Pascal.
```

　　若是將取代字串設定為 ""，則程式執行結果會移除取代字串，範例（ex05_13.py）如下所示。

[程式碼]

```
str1 = "I like Python."
print(str1.replace(" ",""))
```

[執行結果]

```
IlikePython.
```

習題

01. 若有一個函式的標頭如右所示「def pf(p1, p2, p3, p4=6)」，請問下列哪些函式
　　的呼叫是正確的？

　　pf(1, p2=3, p3=5, p4=12)

　　pf(1, p2=3, 4, p4=12)

　　pf(p1=1, p2=3, 4, p4=12)

　　pf(1, 3, 5)

　　pf(1, 3, 5, 7)

　　pf(p4=1, p2=3, p3=5, p1=6)

　　pf(p1=1, p2=3, p3=5, p4=6)

02. 請撰寫一個程式，讀取一串列的整數，串列中不限制整數的個數，顯示反轉所
　　讀取的整數值。

03. 請撰寫一個程式，讀取未指定個數的學生成績，輸入完成後計算有多少分數高
　　於或等於平均數，另外計算有多少分數低於平均數。

04. 請撰寫一個函式用來檢查兩個單字是否為 anagrams，anagrams 表示兩個單字
　　包含相同的字元，例如 tone 與 note，lemon 與 melon。

05. 請撰寫一個函式，計算整數串列的最大公因數（Great Common Divisor,
　　GCD）。

06. 請撰寫一個函式 sumdigits()，計算某一個整數每一位數的和，例如
　　sumdigits(354)，回傳值即為 12(3+5+4)。

07. 請撰寫一個函式 freverse()，此函式可以反轉一個整數，例如 freverse(123)，函
　　式傳回值為 321。

08. 請設計一個函式 ctof()，將傳入的攝氏溫度轉為華氏溫度，公式為攝氏溫度 =
　　（5÷9）×（華氏溫度－32）。

09. 請設計一個計算兩點之間距離的程式 pdistance(x_1,y_1,x_2,y_2)，使用者只要依序輸
　　入兩點座標，程式即顯示兩點之間的距離值。

10. 請設計一個 isprime() 的函數，用來測試指定的數字是否為質數。

11. 請利用上述判斷是否質數的函數，列出 1 到 100 之間的所有質數。

12. 請設計一個函式 phi(i)，估計 π 的值，其估計的函數如下所示。

$$phi(i) = 4 \times \left(1 - \frac{1}{3} + \frac{1}{5} - \frac{1}{7} + \frac{1}{9} - \frac{1}{11} + ... + \frac{(-1)^{i+1}}{2 \times i - 1} \right)$$

13. 請設計一個 DtoS() 的函數，此函數的功能為轉換十進位系統至二進位或者是八進位系統，DtoS() 函數包括 2 個參數，第 1 個參數為十進位系統的數值，第 2 個參數則是為轉換目的二進位或者是八進位，因此本程式需要先讓使用者輸入 2 個參數值，之後再呼叫 DtoS() 函數後，輸出轉換後進位系統的值。

Chapter

06

套件

6.1　套件

　　Python 中擁有大量的模組與套件，透過使用現成的模組與套件，程式設計者可以減少大量重複而不必要的開發時間，同時也能夠使程式設計者的程式碼更有架構跟章法。

　　一個模組簡單來說就是一個 Python 檔案，而在模組中會出現的不外乎就是運算、函式與類別了。模組就是一個檔案，而套件就是一個目錄，假若一個擁有 __init__.py 檔案的目錄就會被 Python 視為一個套件，一個套件裡面收集了若干相關的模組或是套件，簡單來說套件就是個模組庫、函式庫，以下將說明如何匯入模組或者是套件。

6.1.1　import 模組或套件

　　當程式設計者要使用模組所提供的功能時，必須使用 import 命令來進行匯入的工作，語法如下所示。

```
import 模組名稱
```

　　以 Python 內建的 calendar 模組為例，其檔名為 calendar.py，只要使用 import 命令即可匯入此模組，並且可以呼叫其中的函式，範例（ex06_01.py）如下所示。
[程式碼]

```
1.  import calendar
2.  print(calendar.month(2018,2))
```

[執行結果]

```
February 2018
```

```
Mo Tu We Th Fr Sa Su
          1  2  3  4
 5  6  7  8  9 10 11
12 13 14 15 16 17 18
19 20 21 22 23 24 25
26 27 28
```

若要查看模組的路徑與檔名，可以透過模組的「__file__」屬性來查看，例如上述 calendar 模組的路徑及檔名可以由下列程式碼來查看，範例（ex06_02.py）如下所示。
[程式碼]

```
import calendar
print(calendar.__file__)
```

[執行結果]

```
D:\WinPython3630\python-3.6.3.amd64\lib\calendar.py
```

上述即為 calendar 模組的檔案路徑及檔名。

套件與模組相較，套件即是存放了數個模組的資料夾，套件的匯入亦是利用 import 命令，以下以 Python 內建的 tkinter 套件為例，說明如何匯入套件供程式設計者使用。
[程式碼]

```
1.  import tkinter
2.  win = tkinter.Tk()
3.  win.geometry("200x100")
4.  win.title("Main")
```

```
5. win.maxsize(300,200)
6. win.mainloop()
```

上述的程式碼中即是匯入 Python 內建的 tkinter 套件，通常套件中會存在許多函式可供程式設計者使用，而這些函式的使用語法如下所示。

套件名稱 . 函式名稱

例如上述程式碼中的第 2 行即是呼叫 tkinter 中的 Tk() 函式，所以要使用 tkinter 中的 Tk() 函式即可輸入 tkinter.Tk() 來使用。但是每次使用套件的函式時皆要輸入套件名稱非常麻煩，而有些套件的名稱又非常地長，更會造成輸入上的困擾，也直接或間接地增加程式錯誤的機會，因此可以利用 import 的另一種語法來避免如此的困擾，語法如下所示。

---

from 套件名稱 import *

若以此種方法來匯入套件，使用套件函式即不用再輸入套件的名稱，直接輸入函式即可，例如上述匯入 tkinter 套件為例。

```
from tkinter import *
win = Tk()
```

此種方式雖然方便，但是卻隱藏著極大的風險，亦即每一個套件都會有許多的函式，若兩個套件具有相同名稱的函式，由於未標明套件名稱，使用函式時可能會造成錯誤，所以為了兼顧便利性與安全性，可以利用 import 的另外一種語法，如下所示。

from 套件名稱 import 函式 1, 函式 2, ...

上述的語法即可指定匯入的函式名稱，避免函式重複造成錯誤的情形，或者亦可以利用另外一種將套件名稱取一個簡短別名的語法，語法如下所示。

import 套件名稱 as 別名

例如上述使用 tkinter 套件，如下所示。

```
import tkinter as r
r.Tk()
```

6.1.2 第三方套件

Python 中除了官方內建的程式庫之外，還有大量的第三方套件來支援，這使得程式設計者可使用眾人的心血結晶來協助順利完成任務，以下即是一些常見的第三方套件的介紹。

常見的第三方套件簡介如下。

Django、Pyramid、Web2py、Flask：上述的套件可以利用來快速開發網站。

NumPy：陣列與科學計算，例如矩陣運算、傅立葉轉換、線性代數等。

SciPy：科學計算，例如最佳化、線性代數、積分、微分、特殊函數、傅立葉轉換、圖像處理等。

Matplotlib：2D 圖形工具，可以利用來繪製長條圖、折線圖、數學函數等圖形。

Pandas：數值處理與資料分析。

BeautifulSoup：用來解構並擷取網頁資訊的函式套件。

Pillow：圖形處理。

PyGame：多媒體與遊戲軟體開發。

隨著 Python 使用者日益增多，網路上也出現愈來愈多的第三方套件，而如何找到適當的套件呢？建議可以使用 PyPI 網站，PyPI 是 Python Package Index 的縮寫，這是 Python 的第三方套件集中地，幾乎所有能想像到的功能，都可以在這找到合適的套件，使用者只要開啓瀏覽器，輸入 https://pypi.python.org/pypi 的網址，即可進入 PyPI 網站，如下所示。

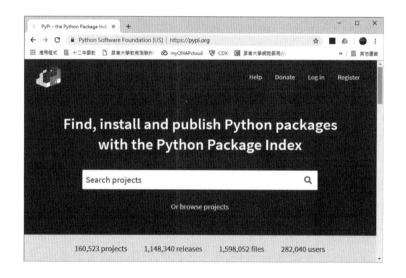

可在網站上搜尋所需的套件，下載後安裝至電腦即可。另外一種常見安裝 Python 套件的方式即是利用 pip 指令。

pip 是 Python 的套件管理工具，它集合下載、安裝、升級、管理、移除套件等功能，藉由統一的管理，可以使程式設計者在管理套件上事半功倍，更重要的是，也避免了手動執行上述任務會發生的種種錯誤。

因爲本範例是安裝於 Windows 平臺，所以於安裝資料夾內的 Scripts 目錄中即會存在 pip 的程式執行檔，以下將介紹常見的 pip 指令。

pip list 指令

pip list指令可以查詢目前Python內所安裝的套件與版本，其語法如下所示。

pip list

請開啓命令提示字元視窗，並且更換目錄至 Python 的安裝目錄下的 Scripts 的目錄中，即會發現 pip 指令，或者安裝本書中所介紹之 WinPython 時，請點選安裝目錄中之「WinPython Command Prompt.exe」即可順利找到 pip 程式，如下所示。

pip install 指令

pip install 指令可以用來安裝套件，例如要安裝 NumPy 套件時，輸入 pip install NumPy 即會安裝 NumPy 套件。

> pip show 指令

pip show 指令可以用來查詢所安裝的套件，例如要查詢 NumPy 套件即可在命令提示符號下輸入 pip show NumPy 即會顯示套件的版本、摘要、官方網站、作者、安裝路徑等資訊，如下所示。

```
D:\WinPython3630\scripts>pip show NumPy
Name: numpy
Version: 1.13.3+mk1
Summary: NumPy: array processing for numbers, strings, records, and objects.
Home-page: http://www.numpy.org
Author: NumPy Developers
Author-email: numpy-discussion@python.org
License: BSD
Location: d:\WinPython3630\python-3.6.3.amd64\lib\site-packages
Requires:
```

> pip uninstall 指令

pip uninstall 指令可以用來解除套件的安裝，例如要解除 NumPy 套件的安裝，只要在命令提示符號下輸入 pip uninstall NumPy 即可解除 NumPy 套件的安裝。

6.2　時間套件

撰寫應用程式時，常常需要使用與時間有關的訊息來判斷，例如目前的系統時間、程式執行所花費的時間、需要等待多少時間等。Python 的時間套件即提供了相當多有關於時間的功能，以下將分別說明有關於時間套件的相關函式。

6.2.1　時間套件函式

Python 常見的時間函式如下所示。

函式	意義
perf_counter()	取得程式執行時間
ctime()	以傳入的時間參數來取得字串時間格式
localtime()	以傳入的時間參數來取得目前時區的日期及時間資訊
sleep()	程式停止執行時間
time()	取得目前的時間數值

6.2.2　時間訊息函式

以下將說明 time()、localtime()、ctime() 等函式。

> time() 函式

　　Python 的時間是以 tick 為單位，而這個時間單位長度為百萬分之一秒，Python 計時是以 1970 年 01 月 01 日 0 時開始計算的秒數，此數值即為時間數值，它是一個精確到小數點 6 位數的浮點數，time() 函式即是可取得此時間數值，語法如下所示。

　　時間套件 .time()

　　範例（ex06_03.py）說明如下。

[程式碼]

```
import time as t
print(t.time())
```

[執行結果]

```
1519182005.4101515
```

上述的時間數值代表從 1970 年 01 月 01 日 0 時起到目前經過了 1519182005.4101515 秒。

> localtime() 函式

藉由上述 time() 函式取得時間數值後，localtime() 即可將此時間數值傳入參數而取得目前時區下的日期與時間資訊，語法如下所示。

時間套件 .localtime([時間數值])

上述的語法中時間數值參數可有可無，若省略時間數值參數的話即可取得目前時間的日期與時間，此函式的回傳資料是元組資料型態，範例（ex06_04.py）如下所示。

[程式碼]

```
import time as t
print(t.localtime())
```

[執行結果]

```
time.struct_time(tm_year=2018, tm_mon=2, tm_mday=21, tm_hour=11, tm_min=13, tm_
sec=42, tm_wday=2, tm_yday=52, tm_isdst=0)
```

localtime() 函式所傳的元組資料，代表意義如下所示。

序號	名稱	意義
0	tm_year	西元年
1	tm_mon	月分（1 到 12）
2	tm_mday	日數（1 到 31）
3	tm_hour	小時（0 到 23）
4	tm_min	分鐘（0 到 59）
5	tm_sec	秒數（0 到 59）
6	tm_wday	星期（0 到 6）
7	tm_yday	一年中的第幾天（1 到 366）
8	tm_isdst	時光節約時間（1: 有，0: 無）

因此若將針對時間的顯示修正如下（ex06_05.py）即可出現目前的年月日。

[程式碼]

```
1. import time as t
2. ptime=t.localtime()
3. print(" 目前時間是西元 %d 年 %d 月 %d 日 %d 點 %d 分 "%(ptime[0],ptime[1],ptime[2],pti
   me[3],ptime[4]))
```

[執行結果]

目前時間是西元 2018 年 2 月 21 日 11 點 13 分

---

ctime() 函式

---

ctime() 函式的功能與用法皆與 localtime() 函式相同，不同之處在於 ctime() 函式的回傳資料為字串，ctime() 函式的語法如下所示。

時間套件 .ctime([時間數值]}

ctime() 函式回傳資料的格式如下所示。

星期 月分 日數 小時：分鐘：秒數 西元年

範例（ex06_06.py）如下所示。

[程式碼]

```
1.  import time as t
2.  print(t.ctime())
3.  print(t.ctime(t.time()))
```

[執行結果]

```
Wed Feb 21 11:36:52 2018
Wed Feb 21 11:36:52 2018
```

第 3 行與第 2 行的執行結果相同。

6.2.3 相關時間函式

以下將說明程式執行時有關於時間的函式。

---

sleep() 函式

---

sleep() 函式可以讓程式執行時休息一段時間，語法如下所示。

時間套件 .sleep(數值參數)

上述語法中的數值參數即為休息時間，單位為秒，範例（ex06_07.py）如下所示。

[程式碼]

```
1. import time as t
2. print(" 程式暫停 7 秒鐘 ")
3. t.sleep(7)
4. print(" 程式繼續執行 ")
```

　　程式執行至第 2 行之後會顯示「程式暫停 7 秒鐘」，之後執行到第 3 行時程式會暫停 7 秒鐘，之後再執行第 4 行並顯示「程式繼續執行」。

---

perf_counter() 函式

---

　　perf_counter() 函式的功能是取得程式執行的時間，Python 3.8 以前的版本可以使用 clock() 函數，clock() 函數從 Python 3.3 版開始不推薦使用，在 3.8 版中則刪除該函數的使用，可利用 perf_counter() 取得程式執行時間，第一次使用 perf_counter() 函式是取得從程式開始執行到第一次使用 perf_counter() 函式的時間，第二次以後使用 perf_counter() 函式則是取得與第一次使用 perf_counter() 函式之間的程式執行時間，亦即第三次使用 perf_counter() 函式取得的時間是與第一次使用 perf_counter() 函式的程式執行時間，範例（ex06_08.py）如下所示。

[程式碼]

```
1. import time as t
2. print(" 開始執行到目前的時間 :"+str(t.perf_counter()))
3. t.sleep(2)
4. print(" 程式執行時間經過 :"+str(t.perf_counter())+" 秒 ")
5. t.sleep(3)
6. print(" 程式執行時間經過 :"+str(t.perf_counter())+" 秒 ")
```

[執行結果]

```
開始執行到目前的時間 :1.1404129663433723e-06
程式執行時間經過 :2.000053219271763 秒
程式執行時間經過 :5.0005572818028865 秒
```

上述的程式中，第一個時間點是接近於 0 的數值，而第二個列印的時間則是接近 2 秒，第三個列印的時間則是大約是 5 秒的時間，而這二個時間差就剛好是第 5 行 3 秒的時間差。

6.3 亂數套件

Python 的亂數套件，可以產生整數或者是浮點數的亂數，還可一次同時取得多個亂數，以下將說明 Python 中亂數的使用方法。

6.3.1 亂數套件函式

Python 中常見的亂數函式如下所示，範例中代表變數如下所示。

```
import random as r
str1="abcdefghijk"
list1=['a','b','c']
```

函式	意義	範例	結果
choice(string)	由字串中隨機取得一個字元	print(r.choice(str1))	h
randint(n1, n2)	由 n1 到 n2 之間隨機取得一個整數	print(r.randint(0,10))	7
random()	由 0 到 1 之間隨機取得一個浮點數	print(r.random())	0.17519881370132

函式	意義	範例	結果
randrange(n1, n2, n3)	由 n1 到 n2 間每隔 n3 隨機取得一個整數	print(r.randrange(0,11,2))	6
sample(string, n)	由字串中隨機取得 n 個字元	print(r.sample(str1,3))	['a', 'j', 'f']
shuffle(list)	重新為串列排列順序	r.shuffle(list1) print(list1)	['c', 'b', 'a']
uniform(n1,n2)	由 n1 到 n2 之間隨機取得一個浮點數	print(r.uniform(1,10))	1.0223190842293

6.3.2　亂數產生函式

以下將介紹 randint()、randrange()、random()、uniform() 等函式。

---

randint() 函式

---

randint() 函式的功能是指定一個範圍來產生整數亂數，語法如下所示。

亂數套件 .randint(起始值 , 終止值)

上述的函式中，執行這個函式後，會產生由起始值至終止值之間的一個整數亂數，而且亂數可能是起始值或者是終止值，範例（ex06_09.py）如下所示。

[程式碼]

```python
import random as r
print(r.randint(0,10))
```

[執行結果]

7

上述的結果可能是介於 0 與 10 之間的整數值，而每次執行皆會產生一個整數亂數。

---

randrange() 函式

---

randrange() 函式與 randint() 函式的功能大同小異，也是產生一個整數亂數，不同之處在於多了一個遞增值，語法如下所示。

亂數套件 .randrange(起始值 , 終止值 [, 遞增值])

上述函式執行後會產生介於起始值與終止值之間，每次增加遞增值的整數亂數，遞增值若不存在，則預設之遞增值為 1，產生的亂數可能是起始值但不包含終止值，範例（ex06_10.py）如下所示。

[程式碼]

```
1. import random as r
2. for i in range(0,5):
3.     print(r.randrange(0,10,2), end=" ")
```

[執行結果]

```
6 8 2 2 4
```

上述的結果，產生的亂數可能是介於 0 與 10 之間，可能是 0，但不包含 10，遞增值為 2，所以產生的整數亂數一定是偶數。

---

random() 函式

---

random() 函式是產生一個介於 0 與 1 之間的浮點數亂數，語法如下所示。

亂數套件 .random()

範例（ex06_11.py）如下所示。

[程式碼]

```
import random as r
print(r.random())
```

[執行結果]

```
0.3265146523216631
```

---

uniform() 函式

---

uniform() 函式的功能是產生一個指定範圍的浮點數亂數，語法如下所示。

亂數套件 .uniform(起始值 , 終止值)

上述的亂數函式執行後即會產生一個介於起始值與終止值之間的亂數，範例
（ex06_12.py）如下所示。

[程式碼]

```
1. import random as r
2. for i in range(0,3):
3.     print(r.uniform(0,10), end=" ")
```

[執行結果]

```
8.013720639325486 5.2682888793175 2.24445645868684
```

6.3.3 隨機取得字串函式

下述將介紹亂數套件中,隨機取得字串或串列元素的函式,例如 choice()、sample() 等函式。

┌───┐
│ choice() 函式   │
└───┘

choice() 函式的功能在於隨機取得一個字元或串列元素,語法如下所示。

亂數套件 .choice(字串或串列)

上述的函式中,如果參數是字串,就隨機在字串中取得一個字元,假設參數是串列,則是隨機在串列中取得一個元素,範例(ex06_13.py)如下所示。

[程式碼]

```
1. import random as r
2. str1 = "abcde"
3. for i in range(0,3):
4.     print(r.choice(str1), end=" ")
```

[執行結果]

```
b a d
```

至於參數是串列的範例(ex06_14.py)如下所示。

[程式碼]

```
1. import random as r
2. list1 = ['a','b','c','d','e']
3. for i in range(0,3):
4.     print(r.choice(list1), end=" ")
```

[執行結果]

```
c a a
```

```
    sample() 函式
```

sample() 函式的功能與 choice() 函式類似，只是 sample() 函式可以隨機取得多個字元或者是串列元素，語法如下所示。

亂數套件 .sample(字串或串列 , 數值)

如果參數是字串，上述函式的執行結果就是隨機由字串中取得指定數值數量的字元，但如果參數是串列，執行結果就是隨機由串列之中取得指定數值數量的串列元素，範例（ex06_15.py）如下所示。

[程式碼]

```
1. import random as r
2. str1 = "abcde"
3. print(r.sample(str1, 3))
```

[執行結果]

```
['d', 'e', 'a']
```

參數是串列的範例（ex06_16.py）如下所示。

[程式碼]

```
1. import random as r
2. list1 = ['a','b','c','d','e']
```

```
3. print(r.sample(list1, 3))
```

[執行結果]

```
['e', 'b', 'c']
```

　　sample() 函式最重要的功能在於由字串或串列之中，取得指定數值數量的元素時，不會重複所取得的資料。

6.4　繪圖套件

　　Boken、Matplotlib、Pillow 等套件皆是 Python 常見用來處理圖形的套件，其中 Matplotlib 是最常廣泛使用的套件，尤其在繪製各種科學圖形上表現更是優異，但是占用的記憶體空間與資源也相對地比較龐大。而 Boken 則是小巧的繪圖套件，其另外一個特色為圖表是以網頁呈現，至於 Pillow 可以廣泛地支援對於常見圖檔格式的操作及圖片強化、色彩處理等功能，以下即介紹廣泛被大家使用的 Matplotlib 套件。

6.4.1　Matplotlib 套件

　　Matplotlib 套件是 Python 在 2D 繪圖時使用最廣泛的套件，它讓程式設計者容易地將數據圖形化，也提供多樣化的輸出格式。

6.4.2　參數及圖表設定

　　使用 Matplotlib 套件時，由於大部分的繪圖功能都是在 matplotlib.pyplot 之中，因此，一般的繪圖只要匯入該套件即可，如下所示。

```
import matplotlib.pyplot as plt
```

　　Matplotlib 繪圖主要的功能是繪製 x、y 座標圖，所以若先將座標儲存至串列之中，繪製座標圖即很容易，如下所示。

```
listx=[1,5,10,15,20,25,30]
listy=[2,5,7,8,9,13,6]
```

　　matplotlib.pyplot 中繪製線形的方法為 plot，語法如下所示。

```
套件名稱 .plot(x, y)
```

　　繪圖之後可利用 show() 函式顯示繪製的圖形，因此完整的繪製程式碼範例（ex06_17.py）如下所示。

[程式碼]

```
1. import matplotlib.pyplot as plt
2. listx=[1,5,10,15,20,25,30]
3. listy=[2,5,7,8,9,13,6]
4. plt.plot(listx, listy)
5. plt.show()
```

[執行結果]

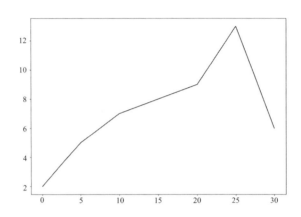

以下將開始說明 matplotlib.pyplot 的參數設定，以及圖表設定。

1. 參數設定

matplotlib.pyplot 有許多選擇性的參數可以加以設定，以下先介紹常見的幾種選擇性參數。

---

color 顏色參數

---

color 參數可以設定線條顏色，預設值為藍色（blue），而其他顏色包括紅色（red）、綠色（green）、青色（cyan）、洋紅色（magenta）、黃色（yellow）、黑色（black）、白色（white）。

範例如下所示。

```
plt.plot(listx, listy, color="red")
```

---

linewidth/lw 線條寬度參數

---

linewidth 可以設定線條寬度，預設值為 1.0，假如要設定線條寬度為 3.0 時，則可以輸入 linewidth=3.0，範例如下所示。

```
plt.plot(listx, listy, color="red", linewidth=3.0)
```

linestyle/ls 線條樣式參數

linestyle 可以設定線條樣式，其中可能的值為實線（-）、虛線（--）、虛點線（-.）、點線（:）等，預設值為實線，範例如下所示。

```
plt.plot(listx, listy, color="black", linewidth=1.0, linestyle="-.")
```

label 圖例名稱參數

label 為設定圖例名稱，例如設定圖例名稱為「Boys」，則可以輸入 label="Boys"，不過請注意，label 圖例名稱的設定需要搭配 legend() 函式才會出現，範例如下所示。

[程式碼]

```
plt.plot(listx, listy, color="black", linewidth=1.0, linestyle="-.", label="Boys")
plt.legend()
```

2. 圖表設定

圖表繪製完成之後，可以針對圖表做一些設定，例如圖表的標題、x 座標標題、y 座標標題、x 座標範圍、y 座標範圍等，分別說明如下。

標題設定

圖表標題、x 座標標題、y 座標標題的設定語法如下所示。

套件名稱 .title(圖表標題)

套件名稱 .xlabel(x 座標標題)

套件名稱 .ylabel(y 座標標題)

範例說明如下。

[程式碼]

```
plt.title("Score of Students")
plt.xlabel("No.")
plt.ylabel("Score")
```

範圍設定

假如圖表繪製過程中沒有設定 x 座標與 y 座標範圍，系統會根據資料判斷最適合的 x 與 y 座標範圍來加以顯示，而程式設計者亦可自行設定 x 與 y 座標範圍，語法如下所示。

設定 x 座標範圍。

套件名稱 .xlim(起始值 , 終止值)

設定 y 座標範圍。

套件名稱 .ylim(起始值 , 終止值)

範例說明如下。

[程式碼]

```
plt.xlim(0,40)
plt.ylim(0,20)
```

上述設定 x 座標介於 0 與 40，y 座標介於 0 與 20。

同時繪製多個圖形

繪製圖形時，若同一個圖表需要繪製多個圖形，Python 可以同時繪製，範例如下所示。

[程式碼]

```
1. listx1=[1,5,10,15,20,25,30]
2. listy1=[2,5,7,8,9,13,6]
3. plt.plot(listx1, listy1, color="black", linewidth=1.0, linestyle="-",
   label="Boys")
4. plt.legend()
5. listx2=[1,5,10,15,20,25,30]
6. listy2=[4,8,9,12,15,14,8]
7. plt.plot(listx2, listy2, color="black", linewidth=1.0, linestyle="-.",
   label="Girls")
8. plt.legend()
```

上述的程式中，第 1 行至第 4 行為第 1 個圖，第 5 行至第 8 行則是繪製第 2 個圖，並且同時存在一個圖表中。

綜合上述圖表各個參數與設定，完整的圖表範例（ex06_18.py）如下所示。

[程式碼]

```
1. import matplotlib.pyplot as plt
2. listx1=[1,5,10,15,20,25,30]
3. listy1=[2,5,7,8,9,13,6]
4. plt.plot(listx1, listy1, color="black", linewidth=1.0, linestyle="-",
   label="Boys")
5. plt.legend()
6. listx2=[1,5,10,15,20,25,30]
```

```
7.  listy2=[4,8,9,12,15,14,8]
8.  plt.plot(listx2, listy2, color="black", linewidth=1.0, linestyle="-.",
    label="Girls")
9.  plt.legend()
10. plt.title("Score of Students")
11. plt.xlabel("No.")
12. plt.ylabel("Score")
13. plt.xlim(0,40)
14. plt.ylim(0,20)
15. plt.show()
```

[程式說明]

第 1 行為匯入 matplotlib 中的 pyplot，並且指定 plt 的別名。

第 2 行與第 3 行則是指定繪製第 1 個圖的座標資料於串列之中。

第 4 行則是繪製上述座標資料的線形圖。

第 5 行則是顯示第 1 個圖形的圖例名稱。

第 6 行與第 7 行是指定繪製第 2 個圖的座標資料。

第 8 行繪製第 2 個線形圖。

第 9 行是顯示第 2 個圖形的圖例名稱。

第 10 行顯示圖形的標題。

第 11 行顯示圖形的 x 座標標題。

第 12 行顯示圖形的 y 座標標題。

第 13 行設定 x 座標的範圍。

第 14 行設定 y 座標的範圍。

第 15 行利用 show() 函式顯示繪製圖形。

[執行結果]

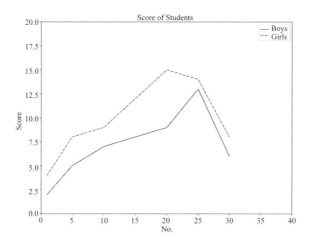

習題

01. 請利用亂數套件設計一個模擬骰子點數的程式，使用者按任意鍵後再按 [Enter] 時即會出現 1 到 6 之間的整數亂數，當直接按 [Enter] 時會結束程式。

02. 請設計一個程式，顯示大樂透的中獎號碼，中獎號碼包括 6 個 1 到 49 之間的數字，並且還加上 1 個特別號，顯示時請注意需由小到大加以排序顯示。

03. 請設計一個顯示目前時間的資訊，時間格式是以中華民國年分表示現在的時刻。

04. 請利用時間套件，計算執行 50 萬次運算所需的時間。

05. 請利用亂數套件，設計一個同時會顯示 7 個 A 到 N 之間隨機字元的程式。

06. 請利用亂數套件，隨機產生 0 到 100 之間（包含 100）整數，程式會持續提示使用者輸入一個數字，直到該數字與電腦隨機產生的數字相符，對於每一次使用者輸入後，程式都會提示使用者所輸入的數字與亂數產生的整數相較是過大或過小，讓使用者更有概念地進一步猜測。

Chapter

07

排序與搜尋

7.1 演算法

演算法是計算機科學中非常重要的基礎學科,簡單來說,演算法就是用電腦計算機來計算數學的學問,若想要解決現實生活當中的各種問題,電腦科學家就把現實問題對應到數學問題,然後設計公式、把公式寫成程式,讓電腦執行程式計算答案,而這些公式就叫做演算法了。演算法主要由輸入(input)、計算步驟(computational sequence)與輸出(output)等三個部分組成,輸入、輸出是一堆數字,即是將這些數字放在資料結構,例如陣列(array)、串列(list)等,計算步驟則是一連串處理數字的指令,其中的指令則包括運算與資料的讀寫。

演算法的記錄可以利用虛擬碼或者是流程圖來加以協助,其中虛擬碼可用來記載演算法,其實若要設計電腦程式,虛擬碼是比較恰當的。另外流程圖亦可用來記載演算法,其中若要設計電子電路,流程圖是比較恰當的。大部分使用者無法光從虛擬碼和流程圖徹底理解演算法,就如同我們無法光從數學公式徹底理解數學概念,若想要真正地理解演算法,通常還是得藉由文字、圖片的輔助說明。

以下將從演算法三個主要的排序、搜尋與遞迴等工作項目中來加以介紹,並且說明如何利用 Python 程式來實作的歷程。

7.2 排序

排序即是一連串的數值遞增或者是遞減的排列,程式設計中往往要針對所處理的資料來進行排序,例如學生的學習成績、名次、個人所得、興趣高低等等,以下將說明排序演算法中的泡沫及插入排序法。

7.2.1 泡沫排序

泡沫排序方法是最簡單且最常用的排序方法,其原理是逐一比較兩個資料,如果符合指定的排序原則(遞增或遞減),就會將兩個資料加以對調,而如此反覆的操作即會完成排序的工作。

1. 泡沫排序的演算法

下述泡沫排序的演算法以由小到大為例，說明如下。

(1) 比較相鄰的資料

泡沫排序首先是兩兩比較相鄰的資料，如果第一個比第二個大，就交換。

(2) 重複比較的程序

針對每一個相鄰的資料重複比較的程序，從開始的第一對到最後一對，第一個循環做完，因為是由小到大的排序，所以最後的就是最大的資料了。

(3) 持續比較的程序

第一個循環執行完成後，持續比較所有的循環，第二個循環即由第一個比較至倒數第二個，相鄰資料比較，持續所有的循環，直到沒有任何一個資料需要比較為止。

2. 泡沫排序的流程圖

以下將利用流程圖來說明泡沫排序的演算法。

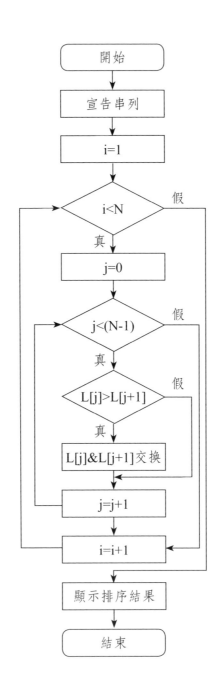

3. 泡沫排序的操作實例

以下將以一串數列 7,2,6,4 要由小至大加以排序，泡沫排序的流程如下所示。

(1) 比較相鄰的資料與重複比較

泡沫排序首先是兩兩比較相鄰的資料，如果第一個比第二個大，就交換，也就是最大的數會由左往右浮起，如下表所示。

步驟	交換前	交換後	說明
1(12)	72(7264)	27(2764)	72 交換
2(23)	76(2764)	67(2674)	76 交換
3(34)	74(2674)	47(2647)	74 交換

針對每一個相鄰的資料重複比較的程序，從開始的第一對到最後一對，第一個循環做完，因為是由小到大的排序，所以最後的就是最大的資料了，由上述步驟結果可知，第一個循環中的最大數 7 已經移至最右邊。

(2) 持續比較的程序

第一個循環執行完成後，持續比較所有的循環，第二個循環即由第一個比較至倒數第二個，相鄰資料比較，持續所有的循環，直到沒有任何一個資料需要比較為止，以下為第 2 個循環與第 3 個循環，因為有 4 個數，所以只需執行 3(4-1) 個循環即可，如下所示，目前的數列已經變更為 2647。

步驟	交換前	交換後	說明
1(12)	26(2647)	26(2647)	26 不變
2(23)	64(2647)	46(2467)	64 交換

接下來為第 3 個循環，如下所示，目前的數列已經變更為 2467。

步驟	交換前	交換後	說明
1(12)	24(2467)	24(2467)	24 不變

　　由上述已經排序完成的結果可知，第 1 個循環產生最大的數（7）在最右邊的第 4 個位置，第 2 個循環則是產生次大的數（6）在由左至右倒數第 2 個位置，第 3 個循環則是產生第 3 大的數（4）在由左至右倒數第 3 個位置，因為有 4 個數，所以只需執行 3 個循環即可完成這 4 個數的泡沫排序。

　　以下將利用 Python 程式來完成泡沫排序的操作，範例（ex07_01.py）如下所示。

[程式碼]

```
1.  def printdata(cdata):
2.      for item in cdata:
3.          print(item, end=" ")
4.      print()
5.  pdata=[7,2,6,4]
6.  print("泡沫排序前:",end=" ")
7.  printdata(pdata)
8.  n=len(pdata)-1
9.  for i in range(0,n):
10.     for j in range(0,n-i):
11.         if (pdata[j]>pdata[j+1]):
12.             pdata[j],pdata[j+1]=pdata[j+1],pdata[j]
13. print("泡沫排序後:", end=" ")
14. printdata(pdata)
```

[程式說明]

　　第 1 行至第 4 行為自訂一個顯示目前串列的函式。

　　第 5 行開始為主程式開始，首先指定要排序的數值串列。

　　第 6 至 7 行則為先顯示目前泡沫排序前的數列資料。

　　第 8 行則是計算要進行泡沫排序的循環次數。

　　第 9 至 12 行則是泡沫排序的過程。

　　第 13 至 14 行則是輸出泡沫排序後的結果。

[執行結果]

```
泡沫排序前：7 2 6 4
泡沫排序後：2 4 6 7
```

　　另外若要追蹤泡沫排序的過程可將程式（ex07_02.py）修改如下。

[程式碼]

```
1.  def printdata(cdata):
2.      for item in cdata:
3.          print(item, end=" ")
4.      print()
5.  pdata=[7,2,6,4]
6.  print("泡沫排序前:",end=" ")
7.  printdata(pdata)
8.  n=len(pdata)-1
9.  for i in range(0,n):
10.     for j in range(0,n-i):
11.         print("i=%d j=%d"%(i,j))
12.         if (pdata[j]>pdata[j+1]):
13.             print("%d, %d 互換後 "%(pdata[j],pdata[j+1]), end="->")
14.             pdata[j],pdata[j+1]=pdata[j+1],pdata[j]
15.             print(pdata)
16. print("泡沫排序後:", end=" ")
17. printdata(pdata)
```

　　程式修改的部分主要在於第 9 行至 15 行加入追蹤的程式碼，程式執行結果如下所示。

[執行結果]

```
泡沫排序前：7 2 6 4
i=0 j=0
7, 2 互換後 ->[2, 7, 6, 4]
i=0 j=1
7, 6 互換後 ->[2, 6, 7, 4]
i=0 j=2
7, 4 互換後 ->[2, 6, 4, 7]
i=1 j=0
i=1 j=1
6, 4 互換後 ->[2, 4, 6, 7]
i=2 j=0
泡沫排序後：2 4 6 7
```

7.2.2　插入排序

1. 插入排序的演算法

　　插入排序法（Insertion sort）為將數列分成排序與未排序兩部分，未排序數列中的數與已排序數列中之數比較大小，並把其插入已排序數列中適當的位置，比該數大的值則向右（後）移動，插入排序的演算步驟如下所示。

　　(1) 假設序列第一個數已排好

　　插入排序的第一個步驟即是先固定第一個數。

　　(2) 取出已排序數列的一個數

　　取出的這個數是需要排序的，所以將這個數插入到之前已排序好的數列，由左至右來做比較。

　　(3) 未排序插入已排序資料中

　　如果未排序數列中的數比已排序的數值大，則將已排序的數往右移一個位置，並將未排序的數插入這個位置。

(4) 重複插入排序的程序步驟

重複步驟 2 與 3，直到將所有未排序的數插入到排序的數列中。

2. 插入排序的流程圖

下圖為插入排序的流程圖，主要的演算步驟如上述所示。

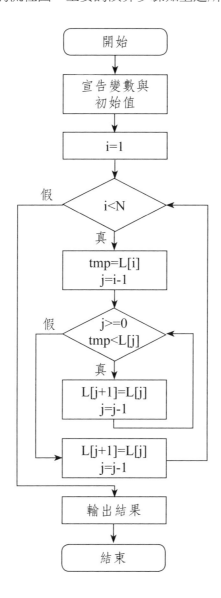

3. 插入排序的操作實例

以下將以一串數列7,2,6,4要由小至大加以排序，插入排序的流程如下所示。

(1) 假設序列第一個數已排好

插入排序的第一個步驟即是先固定第一個數，本範例即為 2。

(2) 取出已排序數列的一個數

取出的這個數是需要排序的，本範例是為 7，所以將這個數插入到之前已排序好的數列，由左至右來做比較，

(3) 未排序插入已排序資料中

如果未排序數列中的數比已排序的數值大，則將已排序的數往右移一個位置，並將未排序的數插入這個位置，如下所示。

步驟	排序前	排序後	已排序	說明
1(1/2)	7/2(7264)	27(2764)	27	2 插入 7 之前

(4) 重複插入排序的程序步驟

重複步驟 (2) 與 (3)，直到將所有未排序的數插入到排序的數列中，目前已排序的數列為 27，未排序的數為 64，因此目前未排序的數為 6。

步驟	排序前	排序後	已排序	說明
1(12/3)	27/6(2764)	267(2674)	267	6 插入 7 之前

循環 3 的程序如下。

步驟	排序前	排序後	已排序	說明
1(123/4)	267/4(2674)	2467(2467)	2467	4 插入 6 之前

　　以下將利用 Python 程式來完成插入排序的操作，範例（ex07_03.py）程式如下所示。

[程式碼]

```
1. def printdata():
2.     for item in pdata:
3.         print(item, end=" ")
4.     print()
5. pdata=[7,2,6,4]
6. print(" 插入排序前 :",end=" ")
7. printdata()
8. n=len(pdata)-1
9. for i in range(1, len(pdata)):
10.     tmp = pdata[i]
11.     j = i - 1
12.     while j >= 0 and tmp < pdata[j]:
13.         pdata[j + 1] = pdata[j]
14.         j = j - 1
15.     pdata[ j + 1 ] = tmp
16.     print(" 循環 ", i, "->", pdata)
17. print(" 插入排序後 :", end=" ")
18. printdata()
```

[程式說明]

　　第 9 行至第 16 行為插入排序的主要程序，首先將第一個元素固定，從第二個開始進行。

　　第 11 行比較固定元素的前一個數字。

　　第 12 行至第 14 行將未排序插入已排序之中。

　　第 13 行將數字往右移動。

[執行結果]

插入排序前：7 2 6 4

```
循環 1 -> [2, 7, 6, 4]
循環 2 -> [2, 6, 7, 4]
循環 3 -> [2, 4, 6, 7]
插入排序後：2 4 6 7
```

7.3 搜尋

　　程式設計中搜尋所處理的資料也是演算法中重要的策略，如何在有限的時間與空間內來進行最佳化的搜尋是演算法中值得探討的議題。資料搜尋中最常見的搜尋方法為循序與二分搜尋法，循序搜尋是最簡單易懂的方法，而二分與循序搜尋相較之下其效能較佳，但是其演算法則較為複雜，以下將主要說明這二種搜尋方法。

7.3.1 循序搜尋法

　　循序搜尋法是從串列中第一個元素資料開始，依序逐一搜尋，是最簡單的方法，但是缺點則是沒有效率。

1. 循序搜尋法的演算法

　　部分的搜尋法需要先將資料經過排序後再進行，而循序搜尋的資料可以不用事先排序，演算法的運作如下所示。

(1) 從串列中第一個元素開始搜尋。

(2) 如果找到目標資料，則停止搜尋。

(3) 如果沒有找到目標資料，則繼續搜尋下一個串列元素，直到串列元素全部搜尋完為止。

　　循序搜尋將從串列元素逐一搜尋目標元素，如果串列元素有 N 個，則最快是一次就可以搜尋到，最慢則是需要 N 次才能搜尋到，實際應用時，若是資料眾多，循序搜尋法則顯得沒有效率，造成系統很重的負擔，而且搜尋時間長。

2. 循序搜尋法的流程圖

下圖為循序搜尋的流程圖，主要的演算法如上述所示。

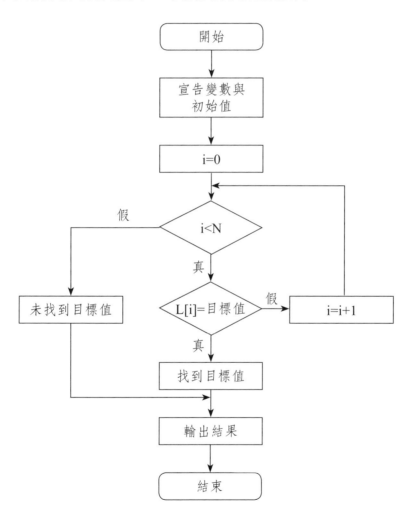

3. 循序搜尋法的操作實例

以下循序搜尋的操作實例（ex07_04.py），有 10 個 3 位數字的串列，由使用者輸入所要搜尋的數字後，進行循序搜尋。

[程式碼]

```
1. pdata = [128,246,732,945,489,242,647,819,935,767]
2. no = int(input("請輸入搜尋的編號 (3 位數字 ):"))
3. isfound=False
4. for i in range(len(pdata)):
5.     if (pdata[i]==no):
6.         isfound=True
7.         break
8. if (isfound==True):
9.     print("第 %d 個編號，編號為 %d:"%(i+1,pdata[i]))
10.else:
11.    print("無此數字 !")
12.print("共比對 %d 次 "%(i+1))
```

[執行結果]

```
請輸入搜尋的編號 (3 位數字 ):945
第 4 個編號，編號為 945:
共比對 4 次

請輸入搜尋的編號 (3 位數字 ):243
無此數字 !
共比對 10 次
```

7.3.2　二分搜尋法

　　二分搜尋法必須要先將搜尋的資料加以排序，再將串列中的元素資料分為兩半，然後以中央位置的元素與搜尋資料比較，如果相等就結束搜尋，否則若搜尋資料大於中央位置的元素，則搜尋資料將落於較大的一半，否則將位於較小的一半，依此步驟重複，直到搜尋到目標元素或者是全部元素皆已搜尋為止。

1. 二分搜尋的演算法

二分搜尋法的演算法如下所示。

(1) 資料排序。

原始資料需要已完成排序。

(2) 均分二半。

將已排序過的資料均分成二半。

(3) 比較中央位置元素。

以中央位置元素與搜尋元素互相比較，若相等即結束，否則若較大則找較大的一半，否則找較小的一半。

(4) 重複步驟 (2) 與 (3)，直到找到搜尋元素或者全部元素皆已搜尋為止。

利用二分搜尋法可以大幅提升搜尋速度，如果串列元素有 N 個，則最快一次可以搜尋到，最多則需要 M 次才能搜尋到，其中的 $2^{M-1} \geq N$。舉例來說，若有 10,000 筆資料，循序搜尋最多 10,000 次才找到，而二分搜尋法則最多只需 15 次就可搜尋到，所以效率相較之下，提升不少。

2. 二分搜尋的流程圖

下圖為二分搜尋的流程圖，主要的演算步驟如上述所示。

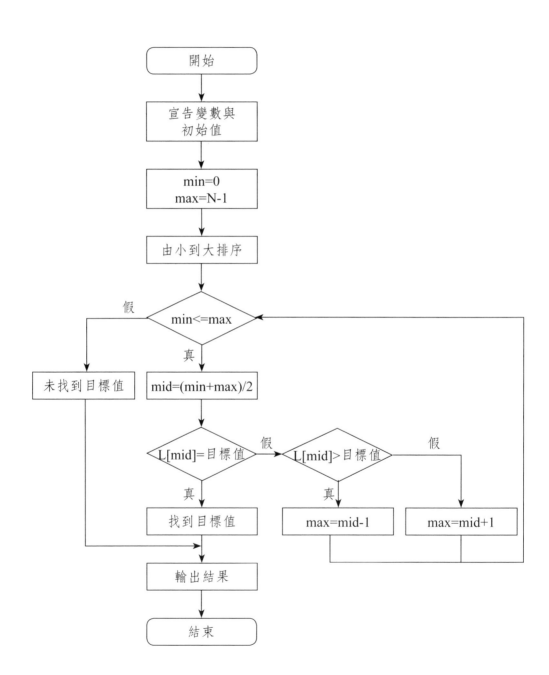

3. 二分搜尋的操作實例

二分搜尋法的操作實例（ex07_05.py）如下所示。

[程式碼]

```
1.  def printdata(pdata):
2.      for item in pdata:
3.          print(item, end=" ")
4.      print()
5.  def insert_search(pdata):
6.      for i in range(1, len(pdata)):
7.          tmp = pdata[i]
8.          j = i - 1
9.          while j >= 0 and tmp < pdata[j]:
10.             pdata[j + 1] = pdata[j]
11.             j = j - 1
12.         pdata[ j + 1 ] = tmp
13.     return pdata
14. pdata = [128,246,732,945,489,242,647,819,935,767]
15. print("原始資料:",end=" ")
16. printdata(pdata)
17. pdata = insert_search(pdata)
18. print("排序資料:", end=" ")
19. printdata(pdata)
20. n=len(pdata)-1
21. isfound=False
22. min=0
23. max=n
24. c=0
25. no = int(input("請輸入搜尋的編號(3位數字):"))
26. while (min<=max):
27.     mid=int((min+max)/2)
28.     c += 1
29.     if (pdata[mid]==no):
30.         isfound=True
31.         break
32.     if (pdata[mid]>no):
33.         max=mid-1
```

```
34.    else:
35.        min=mid+1
36.if (isfound==True):
37.    print(" 第 %d 個編號，編號為 %d:"%(c,pdata[mid]))
38.else:
39.    print(" 無此數字 !")
40.print(" 共比對 %d 次 "%(c))
```

[執行結果]

原始資料：128 246 732 945 489 242 647 819 935 767
排序資料：128 242 246 489 647 732 767 819 935 945

請輸入搜尋的編號（3 位數字）:732
第 3 個編號，編號為 732:
共比對 3 次

請輸入搜尋的編號（3 位數字）:733
無此數字 !
共比對 4 次

7.4　遞迴

　　遞迴即是利用遞迴函式，亦即使用呼叫自己本身的函式，遞迴是一個相當有用的程式設計技巧，解決某些問題時，遞迴可協助程式設計者開發一個自然、直接且簡單的解決方法。

7.4.1　遞迴函式的特徵

　　如果問題能以遞迴的方式思考，便能利用遞迴函式來解決此類問題，所有的遞迴函式擁有以下的特徵。

1. 函式利用 if...else 來實作時，會有不同的情況。

2. 一個或多個基本情況，可用來終止遞迴函式的執行。

3. 每一個遞迴函式呼叫都會分解原本的問題，使其更貼近基本情況，直到成為基本情況。

因此，使用遞迴函式來解決問題，便是將問題分解為子問題，而各個子問題與原始問題一樣，只是規模較小，所以程式設計者便可以利用相同的方式來遞迴地解決問題，以下將舉幾個遞迴的範例來加以說明。

7.4.2　遞迴函式的範例

以下遞迴函式的範例將以階層的計算以及費波那契數列來加以說明。

1. 計算階層

計算數值的階層，可定義如下。

N!=N×(N-1)!

　　=N×(N-1)×(N-2)!

　　=...

　　=N×(N-1)×(N-2)×...×3×2×1

其中 0!=1，因此 1!=1，因為 1!=1×0!=1×1=1 。由上述可知，如何計算 N! 呢？只要已知 (N-1)!，便可利用 N×(N-1)! 來計算出來 N!，所以計算 N! 可簡化為計算 (N-1)!，依此原理，即可利用遞迴的函式，直到 N 遞減到 0 為止。假設自訂一個 factorial(N) 為計算 N! 的函式，N=0 即是最簡單的情形，此狀況稱為基底情形（base case）或停止條件（stopping condition），如果 N>0 時，即可將問題簡化為計算 N-1 階層的子問題，而這個子問題本質上與原問題是完全相同，但較為簡單或規模較小。由於子問題與原始問題具有相同的屬性，即可使用不同的引數來呼叫函式，這樣的過程即被稱之為遞迴呼叫（recursive call），因此使用遞迴函式時即需要考慮基底情形以及遞迴呼叫。

綜上所述，計算階層的函式其演算法可簡單描述如下。

factorial(n) 函式

假如 n==0

　　則傳回 1

否則

　　傳回 n×factorial(n-1)

以下為計算階層的遞迴函式範例（ex07_06.py）。

[程式碼]

```
1. def factorial(n):
2.     if n==0:
3.         return 1                #base
4.     else:
5.         return n*factorial(n-1)    #recursive
6. n = int(input("請輸入一個正整數:"))
7. print("輸入的正整數為 %d，計算的階層值為 %d"%(n, factorial(n)))
```

[執行結果]

```
請輸入一個正整數:7
輸入的正整數為 7，計算的階層值為 5040

請輸入一個正整數:1
輸入的正整數為 1，計算的階層值為 1

請輸入一個正整數:3
輸入的正整數為 3，計算的階層值為 6
```

2. 費波那契數列

費波那契（fibonaccci）數列，其數列是由 0 與 1 開始，之後的費氏數列即由之前的兩個數相加，所產生的數列如下所示。

0、1、1、2、3、5、8、13、21、34、55....

因此根據上述，可以將費氏數列定義如下。

fib(0)=0

fib(1)=1

fib(n)=fib(n-2)+fib(n-1)

上述的 n 必須要大於等於 2。

要如何計算 fib(2) 呢？因為已知 fib(1)=1，fib(0)=0，所以 fib(2)=fib(2-2)+fib(2-1)=fib(0)+fib(1)=0+1=1，所以計算 fib(n) 的問題便可以簡化為計算 fib(n-2) 與 fib(n-1) 了，如此遞迴地呼叫這個概念，直到 n 縮減為 0 或 1 時。所以基底情形為 n=0 與 n=1 時，如果 n=0 或 n=1 時呼叫函式，立即可回傳結果，而 n ≥ 2 時呼叫函式，便需要遞迴呼叫，將問題簡化為計算 fib(n-1) 與 fib(n-2) 的子問題，所以計算費氏數列的演算法可簡介如下。

fib(n) 函式

假如 n==0

　　則傳回 0

假如 n==1

　　則傳回 1

否則

　　傳回 fib(n-1)+fib(n-2)

以下為計算費氏數列的遞迴函式範例（ex07_07.py）。

[程式碼]

```
1. def fib(n):
2.     if n==0:
3.         return 0              #base
4.     elif n==1:
5.         return 1
```

```
6.     else:
7.         return fib(n-1)+fib(n-2)    #recursive
8. n = int(input(" 請輸入一個正整數 :"))
9. print(" 費氏數列第 %d 個值為 %d"%(n, fib(n)))
```

[執行結果]

```
請輸入一個正整數 :1
費氏數列第 1 個值為 1

請輸入一個正整數 :7
費氏數列第 7 個值為 13
```

習題

01. 請設計一個程式，由使用者輸入 n 組的數字後，按 [0] 後即表示結束輸入，並利用泡沫排序法將數字由大到小排序。

02. 敬仁有許多的發票需要對獎，但不知道是否有中獎，敬仁將中獎號碼建立成串列 invoice=["055","816","292","891","491","437"]，請協助敬仁設計一個程式，輸入統一發票的後 3 碼，並以循序搜尋的方法來檢查該號碼是否有中獎。

03. 請設計一個二分搜尋的程式來檢查前一題是否中獎。

04. 河內塔（Tower of Hanoi）是一個經典的數學問題，請設計一個遞迴的程式，讓使用者輸入圓盤的個數，顯示移動圓盤的解法。

05. 請利用遞迴函式，設計一個函式 freverse()，此函式可以反轉一個整數，例如 freverse(123)，函式傳回值為 321。

檔案與例外

8.1 檔案

Python 中開啓指定的檔案，進行檔案內容的讀取、寫入與修改可以使用 open() 函式，以下將說明檔案的開啓方式、模式、設定檔案的編碼以及檔案的處理等內容，說明如下所示。

8.1.1 開啓檔案 (語法 / 模式)

利用 open() 函式可以開啓 Python 中的檔案，語法如下所示。

```
open(file[,mode][,encode])
```

上述中 open() 函式主要包括三個參數，其中 mode 與 encode 可以省略，而 file 即是所要開啓的檔案名稱。

1. file **參數**

file 參數是指開啓檔案的檔案名稱，包括了檔案路徑，它是字串的資料型態，其中的檔案路徑可以是相對或者是絕對路徑，如果沒有設定檔案路徑只有檔案名稱時，就代表所讀取的檔案位置在於目前執行程式的目錄。

2. mode **參數**

mode 參數是指設定檔案的開啓模式，它也是字串的資料型態，省略此參數時預設模式爲讀取模式，而開啓模式主要會有三種模式，包括讀取模式（r）、寫入模式（w）、附加模式（a），其中的讀取模式是預設的開啓模式，寫入模式時若檔案已經存在，則所寫入的內容將會覆蓋，附加模式時，若檔案已經存在時，則所寫入的內容會被附加至檔案的尾端。

另外若要開啓檔案爲可讀寫模式時，包括（r+）、（a+）、（w+）等三種模式，其中（r+）開啓檔案爲可讀寫的模式，而此時文件的指標是在檔案；（a+）開啓檔案與（r+）相同，爲可讀寫的模式，開啓的檔案名稱不存在時，會新增檔案，而新增內容則是會在檔案的最尾端；（w+）開啟檔案為可讀寫的模式，開啟的檔案名稱不存在時，會新增檔案，若檔案已存在時會將檔案清空，亦即所寫入的內容會覆蓋原檔案內容。

請注意，檔案開啟時 open() 函式會建立一個物件，而利用這個物件即可以處理檔案，檔案處理結束時要以 close() 函式來關閉檔案物件，範例（ex08_01. py）如下所示。

[程式碼]

```
1.  content = '''Welcome to Python
2.  屏東縣好山好水好風光
3.  Item Response Theory
4.  '''
5.  f=open("file.txt","w")
6.  f.write(content)
7.  f.close()
```

上述的程式範例中，第 5 行即是開啟一個檔案並且設定為寫入模式，第 6 行即是將 content 這個變數的資料內容寫入檔案，而 content 的變數可能是一個字串變數，例如 content="Welcome to Python"，第 7 行則是將開啟的檔案物件加以關閉，請注意檔案寫入的目錄位置，以免讀取時找不到檔案。

3. encode 參數

encode 參數是指檔案的編碼模式，一般可設定為 cp950（BIG5）或者是 UTF-8 等編碼模式。

8.1.2　使用 with...as 語法

Python 程式語言中，可以利用 open() 函式來開啟檔案，程式結束時需要利用 close() 函式來關閉所開啟的檔案物件，但還有另外一種方式使用 with...as 的語法來開啟檔案，此種方式開啟檔案之後，當語法結束後即會自動關閉開啟的檔案物件，就不需要像利用 open() 函式開啓檔案還必需利用 close() 函式來關閉檔案了，範例（ex08_02.py）如下所示。

[程式碼]

```
1. with open("file.txt","r") as f:
2.     for line in f:
3.         print(line, end="")
```

使用 with...as 語法來開啓檔案時，請注意撰寫程式碼時，with 敘述內的程式碼必需要加以縮排，如上述範例程式碼中第 2 行所示。

8.1.3　設定檔案編碼

處理檔案時，如果指定的編碼與讀取文件的編碼不一致，常常會造成意想不到的錯誤。若使用 open() 函式來開啓檔案時，預設的文件編碼會依作業系統而定，如果是繁體中文的 Windows 作業系統時，預設的編碼是 cp950(BIG5)，以下將會從如何取得檔案的編碼以及指定讀取檔案的編碼等二個部分，分別說明如下。

1. 取得檔案編碼

如果要取得目前作業系統設定的編碼，可利用下述的 Python 程式碼。

```
import locale
print(locale.getpreferredencoding())
```

程式執行結果為 cp950，此即是 BIG5 編碼。

2. 指定檔案編碼

如果在 Python 中要以 Windows 預設的編碼方式來讀取檔案，可以利用以下的範例程式碼。

```
f=open('file.txt','r')
```

或者是指定所要讀取的檔案編碼方式，如下所示。

```
f=open('file.txt','r',encoding='cp950')
```

不過，如果在讀取時指定編碼與實際的檔案編碼不一致時，會出現讀取的錯誤，例如上述 file.txt 檔案的編碼方式是 cp950，若讀取時指定其檔案編碼方式為 UTF-8，即會造成讀取的錯誤，範例（ex08_03.py）如下所示。

[程式碼]

```
1. f=open('file.txt','r',encoding='UTF-8')
2. for line in f:
3.     print(line, end="")
4. f.close()
```

[執行結果]

```
UnicodeDecodeError: 'utf-8' codec can't decode byte 0xab in position 19: invalid
start byte
```

上述即為執行結果的錯誤情形，因此，讀取檔案時要注意其編碼方式為何？才能正確讀取檔案。

8.1.4　檔案處理

Python 的程式碼中，常用的檔案處理內容的方法如下所示。

函式	意義
close()	關閉檔案，檔案關閉之後即不能再進行檔案的讀取動作
flush()	強迫將緩衝區的資料立即寫入檔案，並清除緩衝區
read()	讀取指定長度的字元，如果未指定長度則會讀取所有的字元，傳回值是字串
readable()	判斷檔案是否可以讀取
readline()	讀取目前文字指標所在列中參數長度的文字內容，若省略參數，則會讀取一整列，傳回值是字串
readlines()	讀取所有列的資料，傳回值是串列
next()	讀取指標移動到下一列
seek(0)	讀取指標移動到文件的最前端
tell()	傳回文件目前的位置
write()	將指定的參數字串寫入文件中
writable()	判斷檔案是否可以寫入

以下將選擇檔案處理重要的內容詳細說明如下。

---

read() 函式

---

read() 函式的功能在於將目前讀取檔案的位置，讀取指定長度的字元，如果省略讀取檔案長度的參數，即會讀取所有的字元。

範例（ex08_04.py）程式如下所示。

[程式碼]

```
1. f=open('file.txt','r')
2. str1=f.read(7)
3. print(str1)
4. f.close()
```

[執行結果]

```
Welcome
```

　　如果沒有指定讀取長度的參數，則會讀取所有的字元，亦即將上述程式碼的第 2 行修改為 str1=f.read()，程式執行結果如下所示。

[執行結果]

```
Welcome to Python
屏東縣好山好水好風光
Item Response Theory
```

---

readlines() 函式

　　readlines() 函式的功能在於讀取全部檔案內容，並且以串列方式回傳資料，每一列皆會是串列中的一個元素，程式（ex08_05.py）範例如下所示。

[程式碼]

```
1. f=open('file.txt','r')
2. str=f.readlines()
3. print(str)
4. f.close()
```

[執行結果]

```
['Welcome to Python\n', ' 屏東縣好山好水好風光 \n', 'Item Response Theory\n']
```

　　readlines() 函式的傳回型態是以串列的資料型態，包括「\n」跳列字元，甚至於隱函的字元，以及即將會說明檔案編碼方式是 UTF-8 時，檔案最前方自動產生的 Unicode Byte Order Mark(BOM)。

```
 BOM 處理
```

　　檔案文件在 Windows 系統中的編碼格式是 UTF-8 時，會在檔案的最前方自動產生占了一個字元的 BOM，此功能是讓軟體辨識該檔案內文是否為 Unicode 的檔案。

　　下列範例程式中的 file_u8.txt 的編碼格式是 UTF-8，程式碼（ex08_06.py）如下所示。

[程式碼]

```
1. f=open('file_u8.txt','r',encoding='UTF-8')
2. str=f.readlines()
3. print(str)
4. f.close()
```

[執行結果]

```
['\ufeffWelcome to Python\n', '屏東縣好山好水好風光 \n', 'Item Response Theory\n']
```

　　上述的程式執行結果中，串列內容的第一筆資料前多了一個「\ufeff」字元，這個字元即是 UTF-8 編碼檔案文件前端的 BOM，在一般的狀況下並不會顯示，所以若是利用 read() 函式來讀取時，是看不到檔案文件前端的 BOM 字元，因為 BOM 字元不顯示又會存在，所以在資料處理時經常會造成誤判，所以使用 open() 函式在程式中讀取有 BOM 的文件檔案時，可以加上「encoding='UTF-8-sig'」將 BOM 去除，如下列範例（ex08_07.py）程式所示。

[程式碼]

```
1. f=open('file_u8.txt','r',encoding='UTF-8-sig')
2. str=f.readlines()
3. print(str)
4. f.close()
5.
6. f=open('file_u8.txt','r',encoding='UTF-8-sig')
7. str1=f.read(7)
8. print(str1)
9. f.close()
```

[執行結果]

```
['Welcome to Python\n', ' 屏東縣好山好水好風光 \n', 'Item Response Theory\n']
Welcome
```

　　readline() 函式

　　readline() 函式的功能在於讀取目前檔案指標所在列中長度參數的文字內容，並且將讀取指標移至下一個字元位置，若省略參數時，則會讀取一整列，程式範例（ex08_08.py）如下所示。

[程式碼]

```
1. f=open('file_u8.txt','r',encoding='UTF-8-sig')
2. print(f.readline())
3. print(f.readline())
4. print(f.readline(5))
5. print(f.readline(8))
6. f.close()
```

[執行結果]

```
Welcome to Python

屏東縣好山好水好風光

Item
Response
```

上述的程式範例中是讀取 UTF-8 編碼格式的檔案內容，並且去除 BOM，程式碼中的第 2 行是以 f.readline() 函式來讀取第一列文字，讀取一整列文字後檔案讀取指標會自動移至下列，顯示出「Welcome to Python\n」，因為包括換行字元「\n」，因此會多出一空白行。第 3 行亦是相同的情形，顯示出「屏東縣好山好水好風光 \n」。第 4 行則是讀取長度 5 的字元，因此顯示出「Item 」，請注意包括一個空白字元。第 5 行則是繼續檔案讀取位置後的 8 字元，所以顯示出「Response」。

8.2　例外處理

Python 程式執行時有時會因程式發生錯誤而引發例外的情形，並且會中斷程式的執行，例如讀取檔案編碼不符、變數不存在、資料型態不符合等，這種情形之下程式設計者需要處理引發例外後的動作，而非中止程式的執行。

8.2.1　try...except...finally 語法

Python 中處理例外情形主要是利用 try...except...finally，語法如下所示。

```
try:
    程式執行區塊
except 例外情形 A [as 參數 ]:
    例外情形處理程式區塊 A
except 例外情形 B [as 參數 ]:
    例外情形處理程式區塊 B
except Exception [as 參數 ]:
    其他例外情形處理程式區塊
finally:
    例外程序一定會執行的程式區塊
```

　　上述的例外情形處理程序中，正常執行的程式區塊即是在 try 下面的「程式執行區塊」中執行，在執行過程中如果發生了例外異常，則中斷目前在「程式執行區塊」的執行，移轉到對應的例外處理程式區塊中開始執行，而 python 從第一個 except 例外處理處開始尋找，如果找到了對應的 exception 例外處理類型則會進入其所提供的「例外情形處理程式區塊」進行處理，如上述之 A 與 B，如果沒有找到則直接進入 except Exception 的位置進行例外情形的「其他例外情形處理程式區塊」。except Exception 是選項，如果程式設計者沒有提供，當出現沒有對應的例外情形將會被提交 python 進行處理，處理方式則是終止應用程式並列印提示信息。

　　最後一個區塊 finally 是無論是否發生了例外情形，最後總是執行 finally 所對應的程式區塊，以下為上述例外處理說明的作業流程圖。

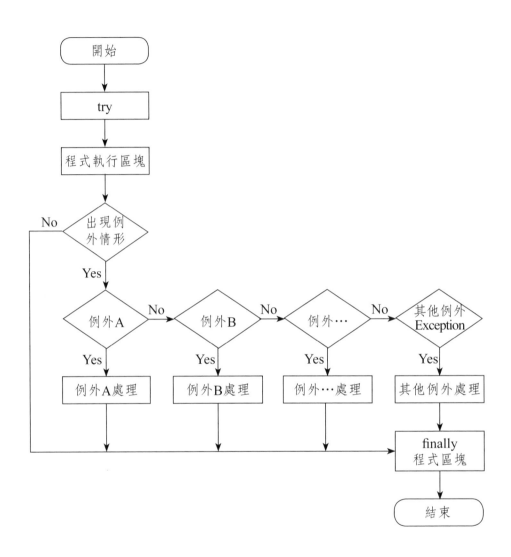

8.2.2　try...except...finally 使用範例

下列範例（ex08_09.py）是處理當變數不存在時，如何截取此例外情形並且加以處理。

[程式碼]

```
1. try:
2.     print(varn)
3. except:
4.     print(" 變數不存在 !")
```

[執行結果]

```
變數不存在 !
```

　　上述的程式因為只有一行，而執行錯誤的情形即是變數不存在，但是若要處理多個例外情形，則需要處理不同的例外情形，要能正確截取例外的情形為例，所以需要知道錯誤代碼。假若執行 print(varn)，而這個 varn 不存在，若不進行例外處理，Python 即會出現錯誤代碼以及錯誤內容，例如上述變數不存在的例子即會出現「NameError: name 'varn' is not defined」，而「NameError」即是錯誤代碼，因此需要將上述的程式正確修正為截取到變數不存在的例外情形，範例（ex08_10.py）如下所示。

```
1. try:
2.     print(varn)
3. except NameError:
4.     print(" 變數不存在 !")
```

　　上述的程式碼其執行情形亦是會出現變數不存在的例外情形。另外若在 except 加入 Exception 亦可截取到例外的內容，範例（ex08_11.py）如下所示。

[程式碼]

```
1. try:
2.     print(varn)
3. except Exception as error:
4.     print(error)
```

[執行結果]

```
name 'varn' is not defined
```

如果不截取錯誤代碼，可以讓 Python 解釋器自動輸出例外情形的錯誤代碼，但若是如此，程式執行也被中斷結束了，既然可以截取錯誤，就可以輸出錯誤代碼及內容，分析錯誤原因，同時可以讓程式繼續執行，以下將利用 Python 內建的 logging 套件模組來記錄錯誤代碼及內容，範例（ex08_12.py）程式如下所示。

[程式碼]

```
1. import logging
2. try:
3.     print(varn)
4. except Exception as error:
5.     logging.exception(error)
```

[執行結果]

```
ERROR:root:name 'varn' is not defined
Traceback (most recent call last):
  File "<ipython-input-13-03e1d8af7e2d>", line 3, in <module>
```

```
    print(varn)
NameError: name 'varn' is not defined
```

　　上述即是例外情形的內容，最後finally的指令範例（ex08_13.py）如下所示。

[程式碼]

```
1. try:
2.      print(varn)
3. except NameError:
4.      print(" 變數不存在 !")
5. finally:
6.      print(" 程式執行結束例外處理區塊 ")
```

[執行結果]

```
變數不存在 !
程式執行結束例外處理區塊
```

8.2.3　try...except 常見錯誤

　　以下為 Python 程式處理中常見的錯誤名稱及其意義說明。

錯誤名稱	意義
IOError	輸入與輸出錯誤
NameError	變數名稱未宣告時，所發生的錯誤
ValueError	資料型別非預期時，所發生的錯誤
ZeroDivisionError	除數為 0 時，所發生的錯誤
KeyboardInterrupt	當使用者輸入中斷訊息（Ctrl+C）時的錯誤

錯誤名稱	意義
EOFError	接收到 EOF（end of file）訊息時，所發生的錯誤
OSError	作業系統有關的錯誤
FileNotFoundError	找不到檔案或資料夾時，所發生的錯誤

下述範例（ex08_14.py）為當發生 ValueError 情形時之例外處理。

[程式碼]

```
1. while True:
2.     try:
3.         x = int(input(" 請輸入一個數字： "))
4.         break
5.     except ValueError:
6.         print(" 抱歉 !! 您所輸入並非是有效的數字，請再輸入一次 ...")
```

[程式說明]

第 1 行為建立一個無限迴圈。

第 3 行與第 4 行為程式執行區塊。

第 5 行則是例外處理 ValueError。

第 6 行為當 ValueError 時，例外情形處理的程式區塊。

[執行結果]

```
請輸入一個數字： p
抱歉 !! 您所輸入並非是有效的數字，請再輸入一次 ...

請輸入一個數字： 56p
抱歉 !! 您所輸入並非是有效的數字，請再輸入一次 ...

請輸入一個數字： 57
```

　　例外情形的處理在程式的執行中是相當重要的，因為它並非是程式正常中止，所以針對使用者可能無法了解後續的處理，假若程式設計者可以事先預想可能的情形，或者程式中可以針對此種情形顯示不正常的訊息，並且將程式的錯誤碼顯示，日後對於程式維護有莫大的助益。

習題

01. 請設計一個程式，計算檔案所包含的字元數、單字數以及行數，單字之間以空白隔開，使用者需要輸入檔案名稱。

02. 請撰寫一個程式，隨機產生 100 個整數並寫入檔案中，在檔案內的整數必須以空白加以隔開，寫入完成後，讀取檔案內的資料，然後將資料排序後顯示出來，使用者需輸入檔案名稱。

03. 請撰寫一個處理異常的程式，使用者輸入一個數值，若輸入正確的話，顯示所輸入的數值，否則需顯示錯誤訊息。

圖形使用者介面

9.1 GUI 程式介面

圖形使用者介面的英文名稱為 Graphical User Interface，簡稱 GUI，它是利用繪圖的方式將程式的操作畫面建構起來，而藉由這種圖形式使用者介面，提供使用者針對介面中元件的相對應程式。

9.1.1 GUI 程式架構

圖形使用者介面的程式架構中，當 GUI 的程式啟動後即會顯示 GUI 的畫面，而此時介面中的元件等待接受使用者操作動作，當接收到使用者針對 GUI 元件的動作後，即執行相對應的程式功能，並且 GUI 的程式中會有一個迴圈，一直在等待著使用者操作介面元件，然後執行相對應的程式動作。

開發 GUI 程式的工作項目包括 (1) 設計 GUI 的操作畫面；(2) 設定每一個圖形使用者介面中元件的功能與執行的程式碼；(3) 啟動圖形使用者介面中程式的處理迴圈，開始接受使用者的操作動作。

9.1.2 使用 Tkinter 套件

Python 預設程式的執行是文字介面，雖然執行的速度較快但與使用者之互動性功能則較缺乏，不過 Tkinter 套件是一個小巧的圖形使用者介面，雖然功能較為陽春，但已足夠一般應用程式使用，而且 Tkinter 套件是內含於 Python 系統中，不需再另外安裝即可使用。

使用 Tkinter 套件前必須先匯入套件，以下為匯入 Tkinter 的範例語法。

```
import tkinter as tk
```

Tkinter 套件的元件是置於主視窗之中，因此要先建立主視窗，語法如下所示。

> 主視窗名稱 = tk.Tk()

範例程式碼如下所示。

win = tk.Tk()

上述建立主視窗的範例中，主視窗的名稱為 win，主視窗常見的方法如下所示。

1. geometry() *函式*

geometry() 函式的功能為設定主視窗的尺寸，語法如下所示。

> 主視窗名稱 .geometry(" 寬度 x 高度 ")

範例程式碼如下所示。

win.geometry("400x300")

上述設定主視窗尺寸寬度 400，高度 300，若未設定主視窗尺寸，則主視窗尺寸由系統根據元件來自行決定。

2. title() *函式*

title() 函式的功能為設定主視窗的標題，語法如下所示。

> 主視窗名稱 .title(" 視窗標題名稱 ")

例如設定主視窗標題的「試題與測驗分析程式」，範例程式碼如下所示。

win.title(" 試題與測驗分析程式 ")

若未設定主視窗標題，預設值為套件名稱或者是套件的簡稱。

3. mainloop() *函式*

主視窗建立完成後，必須在程式最後使用「mainloop」方法讓程式進入與使用者互動模式，等待使用者觸發事件後進行處理，語法如下所示。

主視窗名稱 .mainloop()

範例程式如下所示。

win.mainloop()

綜上所述,利用 Tkinter 套件建立主視窗的設定如下範例(ex09_01.py)所示。

[程式碼]

```
1. import tkinter as tk
2. win = tk.Tk()
3. win.geometry("400x300")
4. win.title(" 試題與測驗分析程式 ")
5. win.mainloop()
```

[執行結果]

9.1.3　設定 GUI 元件外觀

當利用 Tkinter 中建立主視窗之後，需要在主視窗中加入許多元件才能與使用者互動，Tkinter 套件中提供了十餘種的元件，以下將介紹常見的幾項元件之外觀如何設定？說明如下。

1. 標籤

標籤（label）元件的功能是顯示文字，建立標籤的語法如下所示。

元件名稱 = tkinter.Label(物件 , 參數 1, 參數 2, ...)

標籤元件常用參數如下所示。

參數	意義
width	設定標籤寬度
height	設定標籤高度
text	設定標籤文字內容
textvariable	設定標籤動態內容的文字變數
background	設定標籤背景顏色
foreground	設定標籤文字顏色
font	設定標籤文字字體與尺寸
padx	設定標籤與物件的水平間距
pady	設定標籤與物件的垂直間距

上述關於設定顏色的參數中，Python 常用的顏色參數包括 white、black、red、green、blue、cyan、yellow、magenta 等可供採用。

建立元件並不會自動在主視窗的物件中顯示，還需要設定排版的方式才會顯示，Tkinter 套件提供幾種排版方式，將會於後續介紹，以下先以 pack 方式為範例說明。

> 元件名稱 .pack()

上述的語法即是利用 pack() 函式將元件視為矩形物件顯示，以下為標籤的範例（ex09_02.py）程式。

[程式碼]

```
1. import tkinter as tk
2. win = tk.Tk()
3. win.geometry("400x300")
4. win.title("試題與測驗分析程式")
5. pLabel1= tk.Label(win, text="難度計算過程", fg="black", bg="silver", font=("新
   細明體",12),padx=20,pady=10 )
6. pLabel1.pack()
7. win.mainloop()
```

[執行結果]

2. 按鈕

　　按鈕（button）元件的功能是與使用者互動，當使用者點選按鈕元件時會觸發 click 事件，執行程式設計者所指定的函式，建立按鈕的語法如下所示。

　　元件名稱 = tkinter.Button(物件 , 參數 1, 參數 2, ...)

　　按鈕元件常用參數如下所示。

參數	意義
width	設定按鈕寬度
height	設定按鈕高度
text	設定按鈕文字內容
textvariable	設定按鈕動態內容的文字變數
background	設定按鈕背景顏色
foreground	設定按鈕文字顏色
font	設定按鈕文字字體與尺寸
padx	設定按鈕與物件的水平間距
pady	設定按鈕與物件的垂直間距
command	設定使用者按下按鈕時要執行的函式

---

　　textvariable 參數

　　大部分的元件都會有 textvariable 的參數，而此參數是可動態取得或設定元件文字的內容，textvariable 參數的文字變數有 3 種型態。

　　· tk.StringVar()：資料型態是為字串，預設值為空字串。

　　· tk.IntVar()：資料型態是為整數，預設值為 0。

　　· tk.DoubleVar()：資料型態是為浮點數，預設值為 0.0。

文字變數有 2 種方法。

．文字變數 .get()：取得元件文字內容。

．文字變數 .set(字串)：設定元件文字內容。

範例（ex09_03.py）程式如下所示。

[程式碼]

```
1. def cal():
2.     textvar.set(" 計算完成 ")
3. import tkinter as tk
4. win = tk.Tk()
5. win.geometry("400x300")
6. win.title(" 試題與測驗分析程式 ")
7. textvar=tk.StringVar()
8. pButton1 = tk.Button(win, textvariable=textvar, command=cal, padx=20, pady=10)
9. textvar.set(" 開始計算 ")
10. pButton1.pack()
11. win.mainloop()
```

[執行結果]

3. 文字區塊

文字區塊（text）元件的功能是可顯示多列文字內容，建立文字區塊元件的語法如下所示。

> 元件名稱 = tkinter.Text(物件 , 參數 1, 參數 2, ...)

文字區塊元件常用參數如下所示。

參數	意義
width	設定文字區塊寬度
height	設定文字區塊高度
background	設定文字區塊背景顏色
foreground	設定文字區塊文字顏色
font	設定文字區塊文字字體與尺寸
padx	設定文字區塊與物件的水平間距
pady	設定文字區塊與物件的垂直間距
state	設定文字區塊文字內容是否可以編輯
insert	加入文字區塊文字內容

state 參數預設值為「tk.NORMAL」，表示文字區塊中的文字內容可以編輯，state 參數若設定為「tk.DISABLED」，則表示文字區塊內容中不能改變。

文字區塊元件無法在建立元件時設定文字內容，必須要以 insert() 的函式來加入文字，加入文字的語法如下所示。

> 元件名稱 .insert(加入型態，字串內容)

加入型態主要包括 2 種，如下所示。

‧tk.INSERT：將字串加入文字區塊。

‧tk.END：將字串加入文字區塊，並且結束文字區塊內容。

變更元件參數設定

建立元件之後若要變更元件的參數設定，可以利用 config() 函式，語法如下所示。

元件名稱 .config(參數 1, 參數 2, ...)

文字區塊元件的內容預設是可被使用者編輯的，但是如果不希望讓使用者修改文字區塊元件的顯示內容，則需要設定 state 的參數值爲「tk.DISABLED」，若在建立文字區塊元件時就將 state 的參數值設定爲「tk.DISABLED」，則文字區塊元件將無法添加任何文字。所以在建立文字區塊的流程中，建立文字區塊元件時不設定 state 參數值，因爲預設是可被編輯，等到全部的文字內容都加入之後再修改 state 的參數值爲「tk.DISABLED」，因此就可以利用 config() 函式來達成此功能。

範例（ex09_04.py）程式如下所示。

[程式碼]

```
1.  import tkinter as tk
2.  win = tk.Tk()
3.  win.geometry("400x300")
4.  win.title(" 試題與測驗分析程式 ")
5.  ptext = tk.Text(win)
6.  ptext.insert(tk.INSERT, " 床前明月光 \n")
7.  ptext.insert(tk.INSERT, " 疑是地上霜 \n")
8.  ptext.insert(tk.INSERT, " 舉頭望明月 \n")
9.  ptext.insert(tk.INSERT, " 低頭思故鄉 \n")
10. ptext.pack()
11. ptext.config(state=tk.DISABLED)
12. win.mainloop()
```

[程式說明]

　　上述程式中的第 6 行至第 9 行為加入的文字內容，其中的「\n」為脫逸符號（Escape Characters），「\n」代表的意義是換行，另外「\t」則是代表Tab鍵定位。

[執行結果]

4. 文字編輯

　　文字編輯（entry）元件的功能是可讓使用者輸入資料，建立文字編輯元件的語法如下所示。

元件名稱 = tkinter.Entry(物件 , 參數 1, 參數 2, ...)

　　文字編輯元件常用參數如下所示。

參數	意義
width	設定文字編輯寬度
height	設定文字編輯高度
textvariable	設定文字編輯動態文字的文字變數
background	設定文字編輯背景顏色
foreground	設定文字編輯文字顏色
font	設定文字編輯文字字體與尺寸
padx	設定文字編輯與物件的水平間距
pady	設定文字編輯與物件的垂直間距
state	設定文字編輯文字內容是否可以編輯

state 參數預設值為「tk.NORMAL」，表示文字編輯中的文字內容可以編輯，state 參數若設定為「tk.DISABLED」，則表示文字編輯內容中不能改變。

範例（ex09_05.py）程式如下所示。

[程式碼]

```
1.  def checkpw():
2.      pmsg.set(" 輸入的密碼 :"+ppw.get())
3.  import tkinter as tk
4.  win = tk.Tk()
5.  win.geometry("400x300")
6.  win.title(" 試題與測驗分析程式 ")
7.  ppw = tk.StringVar()
8.  pmsg = tk.StringVar()
9.  pLabel = tk.Label(win, text=" 請輸入密碼 :")
10. pLabel.pack()
11. pEntry = tk.Entry(win, textvariable=ppw)
12. pEntry.pack()
13. pButton = tk.Button(win, text=" 登入 ", command=checkpw)
14. pButton.pack()
15. pLabmsg = tk.Label(win, textvariable=pmsg)
```

```
16.pLabmsg.pack()
17.win.mainloop()
```

[執行結果]

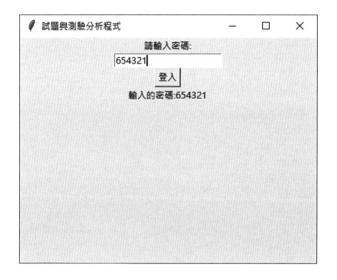

9.2　GUI 元件排列

　　Tkinter 套件中，針對元件的排列提供了 3 種排列的方式，分別是 Pack、Grid 與 Place，以下將分別說明如下。

9.2.1　Pack 排列

　　pack() 函式是將元件視為矩形物件來加以顯示，常用的參數如下所示。

參數	意義
padx	設定元件與物件或其他元件之間的水平間距
pady	設定元件與物件或其他元件之間的垂直間距
side	設定元件在物件中的位置，分別為 left、right、top、bottom

範例（ex09_06.py）程式如下所示。

[程式碼]

```
1. def checkpw():
2.     pmsg.set(" 輸入的密碼 :"+ppw.get())
3. import tkinter as tk
4. win = tk.Tk()
5. win.geometry("400x300")
6. win.title(" 試題與測驗分析程式 ")
7. ppw = tk.StringVar()
8. pmsg = tk.StringVar()
9. pLabel = tk.Label(win, text=" 請輸入密碼 :")
10. pLabel.pack(padx=20, pady=5)
11. pEntry = tk.Entry(win, textvariable=ppw)
12. pEntry.pack(padx=20, pady=5)
13. pButton = tk.Button(win, text=" 登入 ", command=checkpw)
14. pButton.pack(padx=20, pady=5)
15. pLabmsg = tk.Label(win, textvariable=pmsg)
16. pLabmsg.pack(padx=20, pady=5)
17. win.mainloop()
```

[執行結果]

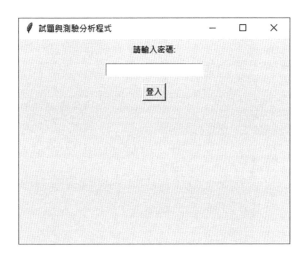

9.2.2 搭配視窗區塊

　　當元件的數量增多時，許多的元件都集中在主視窗，會造成管理上的困難，而且很難安排的恰到好處，假如此時利用視窗區塊（Frame）物件來加以分類，可將元件分類於不同的視窗區塊之中，以利於安排與管理，建立視窗區塊的語法如下所示。

> 視窗區塊變數 = tk.Frame(物件 , 參數 1, 參數 2, ...)

　　視窗區塊常用的參數如下所示。

參數	意義
width	設定視窗區塊寬度
height	設定視窗區塊高度
background	設定視窗區塊的背景顏色

範例（ex09_07.py）程式如下所示。

[程式碼]

```
1. def checkpw():
2.     pmsg.set(" 輸入的密碼 :"+ppw.get())
3. import tkinter as tk
4. win = tk.Tk()
5. win.geometry("400x300")
6. win.title(" 試題與測驗分析程式 ")
7. frame1 = tk.Frame(win)
8. frame1.pack(padx=20, pady=10)
9. ppw = tk.StringVar()
10. pmsg = tk.StringVar()
11. pLabel = tk.Label(frame1, text=" 請輸入密碼 :")
12. pLabel.pack()
13. pEntry = tk.Entry(frame1, textvariable=ppw)
14. pEntry.pack()
15. frame2 = tk.Frame(win)
16. frame2.pack(padx=20, pady=10)
17. pButton = tk.Button(frame2, text=" 登入 ", command=checkpw)
18. pButton.pack()
19. pLabmsg = tk.Label(frame2, textvariable=pmsg)
20. pLabmsg.pack()
21. win.mainloop()
```

[執行結果]

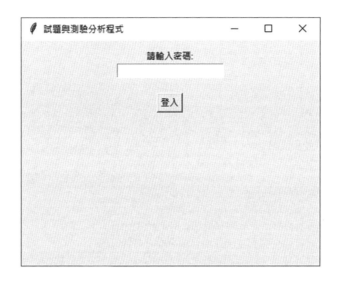

9.2.3　Grid 排列

grid() 函式是利用表格的方式安排元件位置，元件依照行及列的座標位置來加以排版，常用的參數如下所示。

參數	意義
padx	設定元件與物件或其他元件之間的水平間距
pady	設定元件與物件或其他元件之間的垂直間距
row	設定元件列的位置
column	設定元件行的位置
rowspan	設定元件列位置的合併數量
columnspan	設定元件行位置的合併數量
sticky	設定元件內容排列方式

sticky 是設定元件內容的排列方式，其值主要有 4 種，包括「e」是靠右排列，「w」是靠左排列，「n」是靠上排列，「s」是靠下排列。

範例（ex09_08.py）程式如下所示。

[程式碼]

```
1. import tkinter as tk
2. win = tk.Tk()
3. win.geometry("400x300")
4. win.title(" 試題與測驗分析程式 ")
5. text1 = tk.StringVar(value='GUI1')
6. ent1 = tk.Entry(win, textvariable=text1, width=15, justify=tk.CENTER)
7. ent1.grid(row=0, column=0, padx=5, pady=5)
8. text2 = tk.StringVar(value='GUI2')
9. ent2 = tk.Entry(win, textvariable=text2, width=15, justify=tk.CENTER)
10.ent2.grid(row=0, column=2, padx=5, pady=5, sticky=tk.N)
11.text3 = tk.StringVar(value='GUI3')
12.ent3 = tk.Entry(win, textvariable=text3, width=15, justify=tk.CENTER)
13.ent3.grid(row=1, column=1, padx=5, pady=5)
14.win.mainloop()
```

[執行結果]

9.2.4　Place 排列

place() 函式是最直接的排列方式，place() 函式將整個物件視為 1，以縱、橫座標絕對位置來指定元件的位置，常用的參數如下所示。

參數	意義
relx	設定元件橫的位置，參數值是介於 0 與 1 之間
rely	設定元件縱的位置，參數值是介於 0 與 1 之間
anchor	設定元件位置的基準點

anchor 是設定元件位置的基準點，其值主要有 9 種，如下所示。

參數	意義
center	正中心
ne	右上角
nw	左上角
se	右下角
sw	左上角
n	上方中間
s	下方中間
e	右方中間
w	左方中間

範例（ex09_09.py）程式如下所示。

[程式碼]

```
1.  import tkinter as tk
2.  win = tk.Tk()
3.  win.geometry("400x300")
4.  win.title(" 試題與測驗分析程式 ")
5.  text1 = tk.StringVar(value='GUI1')
6.  ent1 = tk.Entry(win, textvariable=text1, width=15, justify=tk.CENTER)
7.  ent1.place(relx=0.5, rely=0.5, anchor="center")
8.  text2 = tk.StringVar(value='GUI2')
9.  ent2 = tk.Entry(win, textvariable=text2, width=15, justify=tk.CENTER)
10. ent2.place(relx=0.1, rely=0.2, anchor="nw")
11. text3 = tk.StringVar(value='GUI3')
12. ent3 = tk.Entry(win, textvariable=text3, width=15, justify=tk.CENTER)
13. ent3.place(relx=0.1, rely=0.7, anchor="w")
14. win.mainloop()
```

[執行結果]

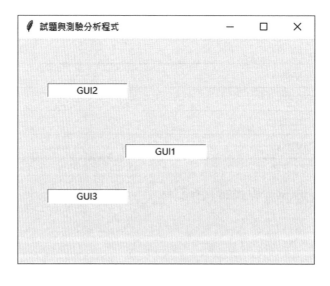

9.3　GUI 選項建立

　　以下將分別介紹在 GUI 中如何建立選項，包括選項按鈕（Radiobutton）、下拉式選單（Combobox）、滾動式選單（Spinbox）、核取方塊（Checkbutton）等，分別說明如下。

9.3.1　選項按鈕

　　選項按鈕 (Radiobutton) 元件的功能是建立一組「單選」的選項，同一組的選項按鈕中只有一個可以被選取，當選取一個選項按鈕時，同組中其他原先被選取的選項按鈕會自動取消，以達到單選的目的，建立選項按鈕的語法如下所示。

　　元件名稱 = tk.Radiobutton(物件 , 參數 1, 參數 2, ...)

　　選項按鈕元件常見的參數如下所示。

參數	意義
width	設定元件的寬度
height	設定元件的高度
text	設定元件顯示的文字
variable	動態設定元件的變數
background	設定元件的背景顏色
foreground	設定元件的文字顏色
font	設定元件的文字字體與大小
padx	設定元件與物件的水平間距
pady	設定元件與物件的垂直間距
value	設定使用者點選後的元件值
command	設定使用者點選選項按鈕時需執行的函式
select	點選元件

　　通常一組選項按鈕中會有多個選項按鈕，如果選項按鈕元件的 variable 參數
指定相同的變數名稱，則這些選項按鈕就屬於同一組。

　　範例（ex09_10.py）程式如下所示。

[程式碼]

```
1. import tkinter as tk
2. import tkinter.font as tkfont
3. def radbut_click():
4.     selected_item = area.get()
5.     lab_result.config(text=AREA_OPTIONS[selected_item][0])
6. win = tk.Tk()
7. win.geometry("400x300")
8. win.title(" 試題與測驗分析程式 ")
9. default_font = tkfont.nametofont('TkDefaultFont')
10.default_font.configure(size=15)
11.AREA_OPTIONS=((' 屏東縣 ',0),(' 高雄市 ',1),(' 臺南市 ',2),(' 臺東縣 ',3))
12.area = tk.IntVar()
13.area.set(0)
14.for item, value in AREA_OPTIONS:
15.     radbut = tk.Radiobutton(win, text=item, variable=area, value=value,
   command=radbut_click, font=default_font)
16.     radbut.pack()
17.lab_result = tk.Label(win, font=default_font, fg='black')
18.lab_result.pack(padx=10, pady=(5,10))
19.win.mainloop()
```

[執行結果]

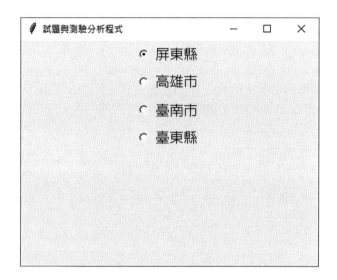

9.3.2　下拉式選單

　　Combobox() 函式的功能與選項按鈕的功能一樣，都是用來建立單選清單，但是二者的做法不同，選項按鈕是把所有的選項全部顯示在程式的畫面中，使用者可以直接點選，這種做法比較方便，但是比較占空間，而 combobox 則是把選項收起來，使用者必須點選 combobox，才會展開選項，語法如下所示。

> 元件名稱 = ttk.Combobox(物件 , 參數 1, 參數 2, ...)

　　範例（ex09_11.py）程式如下所示。

[程式碼]

```
1.  import tkinter as tk
2.  import tkinter.ttk as ttk
3.  import tkinter.font as tkfont
4.  def combox_select(event):
5.      selected_area = event.widget.get()
6.      lab_result.config(text=selected_area)
7.  win = tk.Tk()
8.  win.geometry("400x300")
9.  win.title(" 試題與測驗分析程式 ")
10. default_font = tkfont.nametofont('TkDefaultFont')
11. default_font.configure(size=15)
12. AREA_OPTIONS=(' 屏東縣 ',' 高雄市 ',' 臺南市 ',' 臺東縣 ')
13. area = tk.StringVar()
14. combox = ttk.Combobox(win, value=AREA_OPTIONS, textvariable=area, font=default_
    font)
15. combox.bind('<<ComboboxSelected>>', combox_select)
16. combox.current(0)
17. combox.pack(padx=10, pady=10)
18. lab_result = tk.Label(win, font=default_font, fg='black', width=18)
19. lab_result.pack(padx=10, pady=(5,10))
20. win.mainloop()
```

[執行結果]

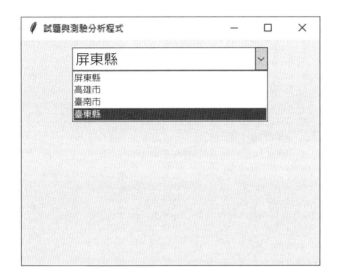

9.3.3 滾動式選單

Spinbox() 函式也是一個單選清單，它的外觀和 combobox 大同小異，但是操作的方式不一樣，使用者點選 Spinbox() 時，並不會展開全部的選項，使用者必須要按下右邊上或下的箭頭按鈕，才會跳到下一個選項。

由於 Spinbox() 不會展開選項，所以不適合用來建立一般的文字選項清單，因為使用者並不會看到全部的選項，也不會知道選項排列的順序，但是如果選項是數字的話，它們之間就會有遞減或者是遞增的關係，這種情形就適合 Spinbox() 函式來建立數字選項，語法如下所示。

元件名稱 = tk.Spinbox(物件 , 參數 1, 參數 2, ...)

範例（ex09_12.py）程式如下所示。

[程式碼]

```
1.  import tkinter as tk
2.  import tkinter.font as tkfont
3.  def spinbox_select():
4.      selected_month = month.get()
5.      lab_result.config(text=selected_month)
6.  win = tk.Tk()
7.  win.geometry("400x300")
8.  win.title(" 試題與測驗分析程式 ")
9.  default_font = tkfont.nametofont('TkDefaultFont')
10. default_font.configure(size=15)
11. month = tk.IntVar()
12. month.set(1)
13. spinbox = tk.Spinbox(win, from_=1, to=12, textvariable=month, command=spinbox_
    select, font=default_font)
14. spinbox.pack(padx=10, pady=10)
15. lab_result = tk.Label(win, font=default_font, fg='black')
16. lab_result.pack(padx=10, pady=(5,10))
17. win.mainloop()
```

[執行結果]

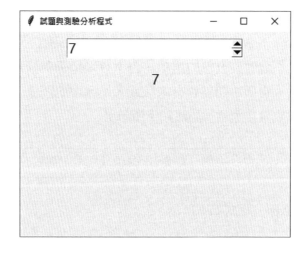

9.3.4　核取方塊

核取方塊（Checkbutton）的功能與選項按鈕大部分相同，核取方塊不同之處在於建立一組複選的選項，而且每一個選項都是獨立的，使用者可以選取多個項目，建立核取方塊的語法如下所示。

元件名稱 = tk.Checkbutton(物件 , 參數 1, 參數 2, ...)

核取方塊元件的參數與選項按鈕元件大同小異，差別在於核取方塊元件並沒有 value 的參數。建立選項按鈕時，同一組的選項按鈕中的 variable 參數設定的變數必需相同，但是在核取方塊元件中的 variable 參數設定的變數，必需要不同，因此，使用核取方塊時所需的變數數量為數較多，所以在核取方塊元件中的變數通常會利用串列型態並且配合迴圈來處理。

範例（ex09_13.py）程式如下所示。

[程式碼]

```
1.  import tkinter as tk
2.  import tkinter.font as tkfont
3.  def but_click():
4.      selected_options = ''
5.      if asia.get():
6.          selected_options += chkbut_asia.cget('text')
7.      if america.get():
8.          selected_options += chkbut_america.cget('text')
9.      if europe.get():
10.         selected_options += chkbut_europe.cget('text')
11.     if aferica.get():
12.         selected_options += chkbut_aferica.cget('text')
13.     lab_result.config(text=selected_options)
14. win = tk.Tk()
15. win.geometry("400x300")
16. win.title(" 試題與測驗分析程式 ")
```

```
17. default_font = tkfont.nametofont('TkDefaultFont')
18. default_font.configure(size=15)
19. asia = tk.IntVar()
20. chkbut_asia = tk.Checkbutton(win, text=' 亞洲 ',variable=asia,anchor=tk.W)
21. chkbut_asia.pack(padx=90, pady=5, fill=tk.X)
22. america = tk.IntVar()
23. chkbut_america = tk.Checkbutton(win, text=' 美洲 ',variable=america,anchor=tk.W)
24. chkbut_america.pack(padx=90, pady=5, fill=tk.X)
25. europe = tk.IntVar()
26. chkbut_europe = tk.Checkbutton(win, text=' 歐洲 ',variable=europe,anchor=tk.W)
27. chkbut_europe.pack(padx=90, pady=5, fill=tk.X)
28. aferica = tk.IntVar()
29. chkbut_aferica = tk.Checkbutton(win, text=' 非洲 ',variable=aferica,anchor=tk.W)
30. chkbut_aferica.pack(padx=90, pady=5, fill=tk.X)
31. but = tk.Button(win, text=' 確定 ', command=but_click, font=default_font,
    padx=15)
32. but.pack(padx=10, pady=5)
33. lab_result = tk.Label(win, font=default_font, fg='black', width=20)
34. lab_result.pack(padx=10, pady=(5,10))
35. win.mainloop()
```

[執行結果]

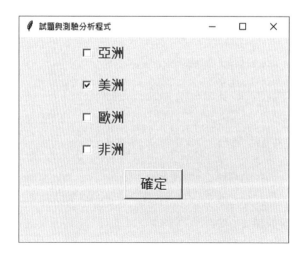

9.4　GUI 對話方塊

　　Tkinter 套件中提供了 messagebox 的模組，而這個模組中有數個方法可以用來顯示對話方塊，分別說明如下。

　　messagebox 的模組中，主要有 3 個參數，分別是 title、message 以及 options，語法如下所示。

---

　　messagebox(title, message, options)

　　參數中的 title 為對話方塊的標題列文字，message 為對話方塊內的文字，options 則是對話方塊的選擇性參數，主要有下列 3 種。

1. default

　　預設的按鈕，若沒有設定此選擇性參數，則預設的按鈕為第一個按鈕（「確定」、「重試」、「是」），亦可以設定為 CANCEL、IGNORE、OK、NO、RETRY、YES，表示是「取消」、「忽略」、「確定」、「否」、「重試」、「是」等按鈕。

2. icon

　　對話方塊中的圖示，包括 ERROR、INFO、WARNING 等設定值。

3. parent

　　對話方塊中的父物件。

　　以下將開始說明對話方塊中的各種方法，首先下列各個對話方塊的範例中將使用到 tkmessagebox 這個別名，因此需要先套用 messagebox 這個模組別名的命名，如下所示。

　　import tkinter.messagebox as tkmessagebox

9.4.1 askokcancel

askokcancel() 會傳回布林值，True 表示使用者點選「確定」或者「是」等按鈕，False 則是表示使用者點選「取消」或者「否」等按鈕，使用範例如下所示。

tkmessagebox.askokcancel(title=" 對話方塊 ", message="askokcancel")

9.4.2 askquestion

askquestion() 會傳回 "yes" 與 "no"，"yes" 表示使用者點選「是」，"no" 則是表示使用者點選「否」，使用範例如下所示。

tkmessagebox.askquestion(title=" 對話方塊 ", message="askquestion")

9.4.3　askretrycancel

askretrycancel() 與 askokcancel() 相同都會傳回布林值，True 表示使用者點選「確定」或者「是」等按鈕，False 則是表示使用者點選「取消」或者「否」等按鈕，使用範例如下所示。

tkmessagebox.askretrycancel(title=" 對話方塊 ", message= "askretrycancel")

9.4.4　askyesno

askyesno() 與 askretrycancel() 相同都會傳回布林值，True 表示使用者點選「確定」或者「是」等按鈕，False 則是表示使用者點選「取消」或者「否」等按鈕，使用範例如下所示。

tkmessagebox.askyesno(title=" 對話方塊 ", message="askyesno")

9.4.5　showerror

showerror() 是顯示錯誤的對話方塊，showerror() 並沒有傳回值，使用範例如下所示。

tkmessagebox.showerror(title=" 對話方塊 ", message="showerror")

9.4.6　showinfo

showinfo()是訊息對話方塊，showinfo() 並沒有傳回值，使用範例如下所示。

tkmessagebox.showinfo(title=" 對話方塊 ", message="showinfo")

9.4.7　showwarning

showwarning() 是警告對話方塊，showwarning() 並沒有傳回值，使用範例如下所示。

tkmessagebox.showwarning(title=" 對話方塊 ", message="showwarning")

9.5 GUI 功能表

Python 中的 Tkinter 套件以利用 menu() 來建立功能表，其語法如下所示。

menu(父物件 , option1=value1, option2=value2, ...)

其中的 option1 與 option2 為選擇性參數，而常用的選擇性參數如下所示。

bg 或 background：設定背景的色彩。

fg 或 foreground：設定前景的色彩。

bd 或 borderwidth：設定框線的寬度。

activebackground：設定當指標移到項目上面時的反白色彩。

tearoff：第一項目上的分隔線，若不顯示分隔線則可以設定為 tearoff=0。

此外，功能表設定時還會運用到幾個函式，說明如下。

add_cascade(options)：此函式為加入子功能表，參數 options 為選擇性參數，例如 label 參數為指定子功能表的文字，menu 參數則為指定子功能表與那個 menu 產生關聯。

add_command(options)：此函式為加入項目，參數 options 為選擇性參數，例如 label 參數為指定項目的文字，command 參數則為指定當按一下項目時所要呼叫的函式。

add_separator()：加入分隔線。

以下為一個功能表的範例（ex09_14.py），功能表中有 3 個子功能表，分別是「檔案」、「計算」與「Help」，其中「檔案」有 1 個子功能表「結束」，而「計算」有 2 個子功能表「計算」與「檢視」，至於「Help」則有 1 個子功能表「關於」項目，程式畫面如下所示。

[程式畫面]

[程式碼]

```
1. import tkinter as tk
2. import tkinter.messagebox as tkmessagebox
3. import tkinter.font as tkfont
4. def Cal():
5.     tkmessagebox.showinfo(title=" 計算 ", message=" 計算資料中的試題難度 ")
6. def View():
7.     tkmessagebox.showinfo(title=" 檢視 ", message=" 檢視計算的結果 ")
8. def About():
```

```
9.        tkmessagebox.showinfo(title=" 關於我們 ", message=" 程式設計者 :Python 程式設
    計工作室 ")
10.def Exit():
11.     win.destroy()
12.def main():
13.     global win
14.     win = tk.Tk()
15.     win.geometry("800x600")
16.     win.title(" 試題與測驗分析程式 ")
17.     default_font = tkfont.nametofont('TkDefaultFont')
18.     default_font.configure(size=15)
19.     menubar = tk.Menu(win)
20.     win.config(menu=menubar)
21.     menu_file = tk.Menu(menubar, tearoff = 0)
22.     menu_cal  = tk.Menu(menubar, tearoff = 0)
23.     menu_help = tk.Menu(menubar, tearoff = 0)
24.     menubar.add_cascade(label=' 檔案 ', menu=menu_file)
25.     menubar.add_cascade(label=' 計算 ', menu=menu_cal)
26.     menubar.add_cascade(label='Help', menu=menu_help)
27.     menu_file.add_command(label=' 結束 ', command=Exit)
28.     menu_cal.add_command(label=' 計算 ', command=Cal)
29.     menu_cal.add_command(label=' 檢視 ', command=View)
30.     menu_help.add_command(label=' 關於 ', command=About)
31.     win.mainloop()
32.main()
```

9.6 Canvas 繪製圖形

Canvas 元件可用來繪圖，包括繪製線條、幾何圖形等。Canvas 具有畫布功能，所以可藉由滑鼠的移動來做基本的圖形繪製，基本上 Canvas 具有二種座標系統，分別是 Windows 座標系統以及 Canvas 元件的座標系統，其中 Windows 的座標系統是以螢幕左上角為原點（x=0，y=0），繪圖時除非特別指定，否則是會以 Canvas 元件的座標系統為主。

9.6.1　Canvas 元件

Canvas 元件的函式，如下所示。

Canvas(master = none, cnf = {}, **kw)

函式中常用的參數如下所示。

bg 或 background：設定背景的色彩。

fg 或 foreground：設定前景的色彩。

bd 或 borderwidth：設定框線的寬度。

width：設定元件的寬。

height：設定元件的高度。

若要在 Canvas 元件中載入點陣圖時可以利用 create_bitmap() 函式，一般圖片則可以利用 create_image()，使用語法如下所示。

create_image(position, **options)

上述語法中的 position 為載入圖片要顯示的座標位置（x, y），以下為讀取圖片的範例（ex09_15.py），如下所示。

[程式畫面]

程式範例如下所示。

[程式碼]

```
1.  import tkinter as tk
2.  import tkinter.font as tkfont
3.  win = tk.Tk()
4.  win.geometry("400x300")
5.  win.title("圖形顯示")
6.  default_font = tkfont.nametofont('TkDefaultFont')
7.  default_font.configure(size=15)
8.  photo = tk.PhotoImage(file='python.PNG')
9.  gs = tk.Canvas(win)
10. gs.create_image(60,120,image=photo)
11. gs.pack()
12. win.mainloop()
```

9.6.2 繪製幾何圖形

元件中的 create_arc() 函式可繪製圓弧，create_line() 函式可繪製線條，相關的函式如下所示。

函式	意義
create_arc(bbox, **options)	繪製圓弧
create_line(lean, **options)	繪製直線
create_ovel(bbox, **options)	繪製橢圖
create_polygon(lean, **options)	繪製多邊形
create_rectangle(bbox, **options)	繪製長方形
create_text(position, **options)	繪製文字
create_window(position, **options)	繪製視窗
delete(item)	刪除繪製的圖形

函式	意義
find_all()	回傳所有的繪製物件

以下範例爲繪製線條與長方形等幾何圖形，程式畫面如下所示。

[程式畫面]

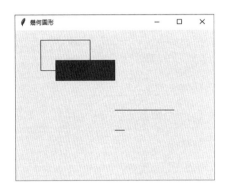

程式範例（ex09_16.py）如下所示。

[程式碼]

```
1. import tkinter as tk
2. import tkinter.font as tkfont
3. win = tk.Tk()
4. win.geometry("400x300")
5. win.title(" 幾何圖形 ")
6. default_font = tkfont.nametofont('TkDefaultFont')
7. default_font.configure(size=15)
8. photo = tk.PhotoImage(file='python.PNG')
9. gs = tk.Canvas(win,width=400,height=300)
10. gs.pack()
11. gs.create_rectangle(50,20,150,80)
12. gs.create_rectangle(80,60,200,100,fill='#FF0000')
13. gs.create_line(200,200,220,200)
```

```
14.gs.create_line(200,160,320,160,fill='#FF0000')
15.win.mainloop()
```

　　本章主要是介紹 Python 中的圖形使用者介面，從圖形使用者介面、架構以及本章所使用的 Tkinter 套件的安裝與其內容的使用說明，對於程式設計者所設計的程式，可大大提高與使用者之互動性。

習題

請撰寫一個 Python 的程式，讓使用者輸入身高與體重，然後計算 BMI 並顯示結果，下圖的執行結果提供參考，BMI 計算公式如下所示，理想體重的範圍的 BMI 值為 18.5 至 24.0。
BMI＝體重（公斤）/ 身高^2（公尺^2）

10

專題開發

10.1 YouTube 影片下載器

YouTube 是目前世界最大的影音資料的來源，其中具有許多在教學與休閒中相當具參考價值的影音資源，本專題即是以此爲出發點，實例介紹利用 Pytube 套件來設計下載 YouTube 影片的程式。

10.1.1 Pytube 套件

安裝 Pytube 套件可以在 command prompt 視窗中，輸入下列指令來安裝。

```
pip install pytube
```

若要指定版本可利用 v 的參數加以指定，例如若要指定 9.3.5 的 Pytube 套件，可輸入下列指令。

```
pip install -v pytube==9.3.5
```

匯入 Pytube 套件的指令如下所示。

```
from pytube import YouTube
```

以 Pytube 套件中的 YouTube 類別建立物件，若要下載 YouTube 網址「https://www.youtube.com/watch?v=BRcudpJzy1I」，則可以下列語法來加以完成。

yt = YouTube("https://www.youtube.com/watch?v=BRcudpJzy1I")

同一個網址中 YouTube 影片有許多格式，利用 streams.filter() 設定要下載影片的型態與解析度，語法如下所示。

```
stream = yt.streams.filter(file_extension='mp4', res='360p').first()
```

上述中的 stream 是代表影片的變數，yt 則是讀取 YouTube 物件的名稱，至於 streams.filter() 函式中第一個參數是代表影片的型態，上述是讀取 mp4 的格式，至於第二個參數 360p 則是代表影片的解析度，YouTube 常見的解析度有 144p、360p、720p、1080p、4k 等，至於影片型態則有 3gp、mp4、webm 等。

最後則是利用 download() 函式來下載影片，語法如下所示。

```
stream.download("d:\music")
```

上述中的 stream 所表示的是影片變數，而 "d:\music" 則是代表下載影片所要儲存的本機路徑，注意目錄的路徑符號是需要使用「\」。

10.1.2　YouTube_dl 套件

安裝 youtube_dl 套件可以在 command prompt 視窗中，輸入下列指令來安裝。

```
pip install youtube_dl
```

匯入 youtube_dl 套件的指令如下所示。

```
import youtube_dl
```

10.1.3　YouTube 影片下載器實作

1. 應用程式總覽

以下利用 Tkinter 介面設計 YouTube 影片下載器的應用程式介面，程式主要需使用輸入影片下載的網址、下載的目錄路徑、影片格式的選擇（mp4、mp3），應用程式總覽如下所示。

2. 介面配置處理

本專題是利用 Tkinter 套件來處理程式介面，包括 Frame()、Label()、Entry()、Button() 等，如下所示。

[程式碼]

```
1.  win=tk.Tk()
2.  win.geometry("600x400")
3.  win.title("MP4 與 MP3 下載 ")
4.  frame1 = tk.Frame(win, width=600)
5.  frame1.pack()
6.  label1 = tk.Label(frame1, text=" 網址 :")
7.  label1.grid(row=0, column=0)
8.  labe12 = tk.Label(frame1, text=" 路徑 :")
9.  labe12.grid(row=1, column=0)
10. purl  = tk.StringVar()
11. ppath = tk.StringVar()
12. entry1 = tk.Entry(frame1, textvariable = purl, width=60)
13. entry1.grid(row=0, column=1)
14. entry2 = tk.Entry(frame1, textvariable = ppath, width=60)
15. ppath.set("d:\music")
```

```
16. entry2.grid(row=1, column=1)
17. btn1 = tk.Button(frame1, text="mp4", command=Downmp4)
18. btn1.grid(row=2, column=1)
19. btn2 = tk.Button(frame1, text="mp3", command=Downmp3)
20. btn2.grid(row=3, column=1)
21. labe13 = tk.Label(frame1, text=" 本程式使用時請注意時間，保護眼睛。")
22. labe13.grid(row=4, column=1)
23. win.mainloop()
```

3. 事件處理內容

使用者輸入影片網址後再點選 mp4 或者 mp3 的按鈕後，即開始進行影片的
下載，因此程式中主要包括下載 mp4 的函數 Downmp4() 以及下載 mp3 的函數
Downmp3()，這 2 個程式函式如下所示。

[程式碼]

```
1.  def Downmp4():
2.      yt = YouTube('%s'%pur1.get())
3.      fpath = ppath.get()
4.      fpath = fpath.replace("\\","\\\\")
5.      fvideo = yt.streams.filter(file_extension='mp4', res='360p').first()
6.      fvideo.download(fpath)
7.  def Downmp3():
8.      fpath = ppath.get()
9.      fpath = fpath.replace("\\","\\\\")
10.     os.chdir(fpath)
11.     yd1_opts = {
12.     'format': 'bestaudio/best',
13.     'postprocessors': [{
14.         'key': 'FFmpegExtractAudio',
15.         'preferredcodec': 'mp3',
16.         'preferredquality': '192',
17.     }],
18.     }
19.     with youtube_d1.YouTubeDL(yd1_opts) as yd1:
20.         yd1.download([pur1.get()])
```

在 Downmp3() 函式中，因為需要將 mp4 的格式加以轉檔，所以下載的目錄中（上述範例為 d:\music）至少需要包括 ffmpeg.exe 與 ffprobe.exe 等二個檔案，否則無法順利完成 .mp3 的轉檔。

以下為完整的程式設計碼（ex10_10.py）。

[程式碼]

```
1.  from __future__ import unicode_literals
2.  from pytube import YouTube
3.  import tkinter as tk
4.  import youtube_dl
5.  import os
6.  def Downmp4():
7.      yt = YouTube('%s'%pur1.get())
8.      fpath = ppath.get()
9.      fpath = fpath.replace("\\","\\\\")
10.     fvideo = yt.streams.filter(file_extension='mp4', res='360p').first()
11.     fvideo.download(fpath)
12. def Downmp3():
13.     fpath = ppath.get()
14.     fpath = fpath.replace("\\","\\\\")
15.     os.chdir(fpath)
16.     ydl_opts = {
17.     'format': 'bestaudio/best',
18.     'postprocessors': [{
19.         'key': 'FFmpegExtractAudio',
20.         'preferredcodec': 'mp3',
21.         'preferredquality': '192',
22.     }],
23.     }
24.     with youtube_dl.YouTubeDL(ydl_opts) as ydl:
25.         ydl.download([pur1.get()])
26. #main program
27. win=tk.Tk()
28. win.geometry("600x400")
29. win.title("MP4 與 MP3 下載 ")
30. frame1 = tk.Frame(win, width=600)
```

```
31.frame1.pack()
32.label1 = tk.Label(frame1, text=" 網址 :")
33.label1.grid(row=0, column=0)
34.labe12 = tk.Label(frame1, text=" 路徑 :")
35.labe12.grid(row=1, column=0)
36.pur1  = tk.StringVar()
37.ppath = tk.StringVar()
38.entry1 = tk.Entry(frame1, textvariable = pur1, width=60)
39.entry1.grid(row=0, column=1)
40.entry2 = tk.Entry(frame1, textvariable = ppath, width=60)
41.ppath.set("d:\music")
42.entry2.grid(row=1, column=1)
43.btn1 = tk.Button(frame1, text="mp4", command=Downmp4)
44.btn1.grid(row=2, column=1)
45.btn2 = tk.Button(frame1, text="mp3", command=Downmp3)
46.btn2.grid(row=3, column=1)
47.labe13 = tk.Label(frame1, text=" 本程式使用時請注意時間，保護眼睛。")
48.labe13.grid(row=4, column=1)
49.win.mainloop()
```

[程式說明]

　　第 1 行至第 5 行為匯入相關的套件。

　　第 6 行至第 11 行為 MP4 下載的函式。

　　第 12 行至第 25 行為 MP3 下載的函式，將音樂檔案轉換為 MP3 的音樂格式。

　　第 27 行至第 49 行為 YouTube 影片下載器程式的進入點，其中包括畫面元件、按鈕的安排配置等。

10.2　音樂播放器

10.2.1　音樂與音效的播放

　　Python 中關於音樂或者是音效的播放，可以利用 pygame 套件來加以完成，

pygame 套件是用來撰寫遊戲的模組，可以利用 Python 來建立 GUI 的遊戲與多媒體的程式，其中包括標籤、按鈕、圖形等視窗介面的應用程式，當然也可以利用 pygame 套件來播放音樂與音效。

1. pygame 套件

安裝 pygame 套件，可以在 command 的環境下，輸入以下的指令。

```
pip install pygame
```

安裝完 pygame 套件之後，即可匯入相關的套件，例如 mixer 物件，如下所示。

```
from pygame import mixer
```

2. mixer 物件

mixer 物件可以播放音效與音樂，使用之前必需以 init() 來加以初始化。

```
from pygame import mixer
mixer.init()
```

mixer 物件中提供 sound 與 music 物件來播放音效與音樂，其中 sound 可以播放 wav 音效檔，music 則除了可以播放 wav 音效檔之外，也可以播放 MP3 等音樂檔，music 較適合播放長的音樂或者是音效。

(1) sound 物件

mixer 物件的 sound 函式可以建立 sound 物件，建立之後可以再利用 sound 物件來播放音效，範例如下所示。

```
from pygame import mixer
mixer.init()
psound = mixer.Sound("wav/example.wav")
psound.play()
```

控制音效播放的方法，如下表所示。

方法	說明
play(loops=0)	播放音效，loops 表示播放次數，預設為 0 表示播放 1 次，loops=3 可播放 4 次，loops=-1 則表示重複播放
stop()	結束播放
set_volume(value)	設定播放音量，音量最小 (0.0) 最大 (1.0)
get_volume(value)	取得目前播放音量

(2) music 物件

mixer 物件的 music 函式除了可播放 wav 音效檔之外，還可以播放 MP3 的音樂檔，適合播放較長的音效與音樂檔，並且可調整音效與音樂的位置與暫停等播放功能，較 Sound 函式的功能多。

mixer 物件的 music 函式可以建立 music 物件，建立之後可以再利用 music 物件來播放音效，範例如下所示。

```
from pygame import mixer
mixer.init()
mixer.music.load('mp3/example.mp3')
mixer.music.play()
```

music 控制音樂播放的方法，如下表所示。

方法	說明
load(filename)	若音樂正播放先停止，再載入檔名 filename 的音樂
play(loops=0,start=0.0)	播放音樂，loops 表示播放次數，預設為 0 表示播放 1 次，loops=3 可播放 4 次，loops=-1 則表示重複播放
stop()	結束播放
pause()	暫停播放
unpause()	暫停後，要繼續播放時需利用 unpause() 函式
set_volume(value)	設定播放音量，音量最小 (0.0) 最大 (1.0)
get_volume(value)	取得目前播放音量
get_busy()	檢查音樂是否已播放，True 已播放，False 未播放

10.2.2　音樂播放實作

以下將分為應用程式總覽、介面配置處理以及事件處理內容等三部分說明如下。

1. 應用程式總覽

以下利用 Tkinter 介面設計 MP3 音樂播放的應用程式介面，應用程式主畫面如下所示。

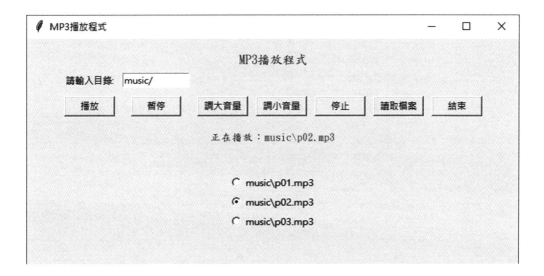

2. 介面配置處理

　　本專題是利用 Tkinter 套件來處理程式介面，包括 Frame()、Label()、Entry()、Button() 等，如下所示。

[程式碼]

```
1.  win=tk.Tk()
2.  win.geometry("640x380")
3.  win.title("MP3 播放程式 ")
4.  labeltitle = tk.Label(win, text="\nMP3 播放程式 ", fg="blue",font=(" 標楷體 ",12))
5.  labeltitle.pack()
6.  frame0 = tk.Frame(win)
7.  frame0.pack()
8.  pdir = tk.StringVar()
9.  plabel1 = tk.Label(frame0, text=" 請輸入目錄 :", width=8)
10. plabel1.grid(row=0, column=0, padx=5, pady=5)
11. pentry = tk.Entry(frame0, textvariable=pdir, width=12)
12. pdir.set('music/')
13. pentry.grid(row=0, column=1, padx=5, pady=5)
14. button1 = tk.Button(frame0, text=" 播放 ", width=8,command=playmp3)
```

```
15.button1.grid(row=1, column=0, padx=5, pady=5)
16.button2 = tk.Button(frame0, text=" 暫停 ", width=8,command=pausemp3)
17.button2.grid(row=1, column=1, padx=5, pady=5)
18.button3 = tk.Button(frame0, text=" 調大音量 ", width=8,command=increase)
19.button3.grid(row=1, column=2, padx=5, pady=5)
20.button4 = tk.Button(frame0, text=" 調小音量 ", width=8,command=decrease)
21.button4.grid(row=1, column=3, padx=5, pady=5)
22.button5 = tk.Button(frame0, text=" 停止 ", width=8,command=stopmp3)
23.button5.grid(row=1, column=4, padx=5, pady=5)
24.button7 = tk.Button(frame0, text=" 讀取檔案 ", width=8,command=loadmp3)
25.button7.grid(row=1, column=5, padx=5, pady=5)
26.button6 = tk.Button(frame0, text=" 結束 ", width=8,command=exitmp3)
27.button6.grid(row=1, column=6, padx=5, pady=5)
28.win.protocol("WM_DELETE_WINDOW", exitmp3)
29.# 讀取檔案
30.message = tk.StringVar()
31.message.set("\n 播放歌曲：")
32.plabe12 = tk.Label(win, textvariable=message,fg="blue",font=(" 標楷體 ",10))
33.plabe12.pack()
34.plabe13 = tk.Label(win, text="\n")
35.plabe13.pack()
36.win.mainloop()
```

3. 事件處理內容

　　使用者首先點選讀取檔案按鈕後，即會讀取音樂檔，並且建立 radiobutton 供使用者點選要播放的音樂檔，之後即可點選播放、增加音量、縮小音量、停止、結束等功能，程式中主要包括選擇曲目（choose）、暫停播放（pausemp3）、增大音量（increase）、縮小音量（decrase）、播放（playmp3）、播放新曲（playnewmp3）、停止播放（stopmp3）、讀取檔案（loadmp3）、結束程式（exitmp3）等函式，如下所示。

[程式碼]

```
1. def choose():
2.      global playsong
3.      message.set("\n 播放歌曲：" + choice.get())
4.      playsong=choice.get()
5. def pausemp3():
6.      mixer.music.pause()
7.      message.set("\n 暫停播放 {}".format(playsong))
8. def increase():
9.      global volume
10.     volume +=0.1
11.     if volume>=1.0:
12.         volume=1.0
13.     mixer.music.set_volume(volume)
14. def decrease():
15.     global volume
16.     volume -=0.1
17.     if volume<=0.2:
18.         volume=0.2
19.     mixer.music.set_volume(volume)
20. def playmp3():
21.     global status,playsong,preplaysong
22.     if playsong==preplaysong:
23.         if not mixer.music.get_busy():
24.             mixer.music.load(playsong)
25.             mixer.music.play(loops=-1)
26.         else:
27.             mixer.music.unpause()
28.         message.set("\n 正在播放：{}".format(playsong))
29.     else:
30.         playnewmp3()
31.         preplaysong=playsong
32. def playnewmp3():
33.     global playsong
34.     mixer.music.stop()
35.     mixer.music.load(playsong)
36.     mixer.music.play(loops=-1)
```

```
37.        message.set("\n 正在播放：{}".format(playsong))
38. def stopmp3():
39.        mixer.music.stop()
40.        message.set("\n 停止播放 ")
41. def loadmp3():
42.        global volume
43.        global playsong
44.        global preplaysong
45.        global choice
46.        global pdir
47.        frame1 = tk.Frame(win)
48.        frame1.pack()
49.        mp3files = []
50.        mp3files = glob.glob(pdir.get()+"*.mp3")
51.        playsong=preplaysong = ""
52.        index = 0
53.        volume= 0.8
54.        choice = tk.StringVar()
55.        for mp3 in mp3files:
56.            prbutton = tk.Radiobutton(frame1,text=mp3,variable=choice,value=mp3,comm
    and=choose)
57.            if(index==0):
58.                prbutton.select()
59.                playsong=preplaysong=mp3
60.            prbutton.grid(row=index, column=0, sticky="w")
61.            index += 1
62.        message.set("\n 讀取檔案 ")
63. def exitmp3():
64.        mixer.music.stop()
65.        win.destroy()
```

以下為完整的程式設計碼（ex10_20.py）。

[程式碼]

```
1. # Filename:ex10_20.py
2. def choose():
3.        global playsong
```

```
4.      message.set("\n 播放歌曲 : " + choice.get())
5.      playsong=choice.get()
6. def pausemp3():
7.      mixer.music.pause()
8.      message.set("\n 暫停播放 {}".format(playsong))
9. def increase():
10.     global volume
11.     volume +=0.1
12.     if volume>=1.0:
13.         volume=1.0
14.     mixer.music.set_volume(volume)
15. def decrease():
16.     global volume
17.     volume -=0.1
18.     if volume<=0.2:
19.         volume=0.2
20.     mixer.music.set_volume(volume)
21. def playmp3():
22.     global status,playsong,preplaysong
23.     if playsong==preplaysong:
24.         if not mixer.music.get_busy():
25.             mixer.music.load(playsong)
26.             mixer.music.play(loops=-1)
27.         else:
28.             mixer.music.unpause()
29.         message.set("\n 正在播放 : {}".format(playsong))
30.     else:
31.         playnewmp3()
32.         preplaysong=playsong
33. def playnewmp3():
34.     global playsong
35.     mixer.music.stop()
36.     mixer.music.load(playsong)
37.     mixer.music.play(loops=-1)
38.     message.set("\n 正在播放 : {}".format(playsong))
39. def stopmp3():
40.     mixer.music.stop()
41.     message.set("\n 停止播放 ")
42. def loadmp3():
```

```
43.  `  global volume
44.     global playsong
45.     global preplaysong
46.     global choice
47.     global pdir
48.     frame1 = tk.Frame(win)
49.     frame1.pack()
50.     mp3files = []
51.     mp3files = glob.glob(pdir.get()+"*.mp3")
52.     playsong=preplaysong = ""
53.     index = 0
54.     volume= 0.8
55.     choice = tk.StringVar()
56.     for mp3 in mp3files:
57.         prbutton = tk.Radiobutton(frame1,text=mp3,variable=choice,value=mp3,command=choose)
58.         if(index==0):
59.             prbutton.select()
60.             playsong=preplaysong=mp3
61.         prbutton.grid(row=index, column=0, sticky="w")
62.         index += 1
63.     message.set("\n讀取檔案")
64. def exitmp3():
65.     mixer.music.stop()
66.     win.destroy()
67.
68. import tkinter as tk
69. from pygame import mixer
70. import glob
71. mixer.init()
72. win=tk.Tk()
73. win.geometry("640x380")
74. win.title("MP3 播放程式")
75. labeltitle = tk.Label(win, text="\nMP3 播放程式", fg="blue",font=("標楷體",12))
76. labeltitle.pack()
77. frame0 = tk.Frame(win)
78. frame0.pack()
79. pdir = tk.StringVar()
80. plabell = tk.Label(frame0, text="請輸入目錄:", width=8)
```

```
81.plabell.grid(row=0, column=0, padx=5, pady=5)
82.pentry = tk.Entry(frame0, textvariable=pdir, width=12)
83.pdir.set('music/')
84.pentry.grid(row=0, column=1, padx=5, pady=5)
85.button1 = tk.Button(frame0, text=" 播放 ", width=8,command=playmp3)
86.button1.grid(row=1, column=0, padx=5, pady=5)
87.button2 = tk.Button(frame0, text=" 暫停 ", width=8,command=pausemp3)
88.button2.grid(row=1, column=1, padx=5, pady=5)
89.button3 = tk.Button(frame0, text=" 調大音量 ", width=8,command=increase)
90.button3.grid(row=1, column=2, padx=5, pady=5)
91.button4 = tk.Button(frame0, text=" 調小音量 ", width=8,command=decrease)
92.button4.grid(row=1, column=3, padx=5, pady=5)
93.button5 = tk.Button(frame0, text=" 停止 ", width=8,command=stopmp3)
94.button5.grid(row=1, column=4, padx=5, pady=5)
95.button7 = tk.Button(frame0, text=" 讀取檔案 ", width=8,command=loadmp3)
96.button7.grid(row=1, column=5, padx=5, pady=5)
97.button6 = tk.Button(frame0, text=" 結束 ", width=8,command=exitmp3)
98.button6.grid(row=1, column=6, padx=5, pady=5)
99.win.protocol("WM_DELETE_WINDOW", exitmp3)
100.# 讀取檔案
101.message = tk.StringVar()
102.message.set("\n 播放歌曲：")
103.plabel2 = tk.Label(win, textvariable=message,fg="blue",font=(" 標楷體 ",10))
104.plabel2.pack()
105.plabel3 = tk.Label(win, text="\n")
106.plabel3.pack()
107.win.mainloop()
```

[程式說明]

　　第 2 行至第 5 行為選擇函式。

　　第 6 行至第 8 行為暫停音樂的播放。

　　第 9 行至第 14 行為增加音量的函式。

　　第 15 行至第 20 行為減低音量的函式。

　　第 21 行至第 32 行為播放音樂的函式。

　　第 33 行至第 38 行為播放新音樂的函式。

第 39 行至第 41 行為停止播放音樂的函式。

第 42 行至第 63 行為載入播放音樂檔案的函式。

第 64 行至第 66 行為結束播放音樂程式的函式。

第 68 行至第 107 行為播放音樂的程式進入點，其中包括畫面元件、按鈕的安排配置等。

10.3 試題分析

10.3.1 試題分析內容

古典測驗理論中的試題分析，主要包括難度、鑑別度與誘答力分析，其中的難度分析可以利用全部受試者的答對百分比以及分組的答對百分比，鑑別度則可以利用分組中高低分組受試者的答對百分比之差異或者是利用試題得分與總分之間的積差相關等方式來加以計算，以下試題分析實作主要是以全部受試者的答對百分比來示範試題之分析。

10.3.2 試題分析實作

以下將分為應用程式總覽、介面配置處理以及事件處理內容等三部分說明如下。

1. 應用程式總覽

以下利用 Tkinter 介面設計試題分析的應用程式介面，程式主要利用 menu 來製作程式的功能表、messagebox 來顯示訊息、filedialog 來開啟檔案，應用程式主畫面如下所示。

應用程式檢視分析結果畫面如下所示。

2. 介面配置處理

以下將說明試題分析主畫面的功能表設計程式，如下所示。

[程式碼]

```
1.  win = tk.Tk()
2.  win.geometry("800x600")
3.  win.title(" 試題與測驗分析程式 ")
4.  default_font = tkfont.nametofont('TkDefaultFont')
5.  default_font.configure(size=15)
6.  menubar = tk.Menu(win)
```

```
7. win.config(menu=menubar)
8. menu_file = tk.Menu(menubar, tearoff = 0)
9. menu_cal  = tk.Menu(menubar, tearoff = 0)
10.menu_help = tk.Menu(menubar, tearoff = 0)
11.menubar.add_cascade(label=' 檔案 ', menu=menu_file)
12.menubar.add_cascade(label=' 計算 ', menu=menu_cal)
13.menubar.add_cascade(label='Help', menu=menu_help)
14.menu_file.add_command(label=' 結束 ', command=Exit)
15.menu_cal.add_command(label=' 計算 ', command=Cal)
16.menu_cal.add_command(label=' 檢視 ', command=View)
17.menu_help.add_command(label=' 關於 ', command=About)
18.win.mainloop()
```

　　上述為主畫面程式，包括有 3 個主要功能表，分別是檔案、計算與 Help，
而檔案中有結束 1 個子功能，計算中有計算與檢視等 2 個子功能，至於 Help 中
則有關於 1 個子功能。

3. 事件處理內容

　　以下將說明本程式試題分析中計算難度的主要函式，如下所示。

[程式碼]

```
1. options = {}
2. options['filetypes'] = [("allfiles","*"),("text","*.txt")]
3. options['initialdir'] = "c:\"
4. options['multiple'] = False
5. options['title'] = " 開啟分析檔案 "
6. fs = tkfiledialog.askopenfile(**options)
7. if fs:
8.     f = open(fs.name,'r')
9.     fc = f.readlines()
10.    f.close()
11.    fo = open('output.txt','w')
12.    fo.write(" 試題分析結果 \n")
13.    pitem = int(fc[0][0:3])
14.    fo.write(' 題數 :'+str(pitem)+'\n')
```

```
15.     pmiss = fc[0][4:5]
16.     fo.write(' 缺失 :'+pmiss+'\n')
17.     pomit = fc[0][6:7]
18.     fo.write(' 遺漏 :'+pomit+'\n')
19.     pid   = int(fc[0][8:10])
20.     fo.write('ID長度 :'+str(pid)+'\n')
21.     pans  = fc[1]
22.     fo.write(' 答案 :'+pans)
23.     pnum  = len(fc)-2
24.     fo.write(' 人數 :'+str(pnum)+'\n')
25.     psitem = []
26.     for j in range(0, pitem, 1):
27.         psitem.append(0)
28.     for i in range(0,pnum, 1):
29.         for j in range(0,pitem, 1):
30.             if (fc[2+i][pid+j]==pans[j]):
31.                 psitem[j] = psitem[j]+1
32.     for j in range(0, pitem):
33.         fo.write(' 第'+str(j+1).rjust(2,'0')+' 題，難度值p='+str(round(psitem[j]/
pnum,2)).ljust(4,'0')+'\n')
34.     fo.close()
35.     tkmessagebox.showinfo(title=" 試題分析 ", message=" 分析完成 ")
36.else:
37.     tkmessagebox.showinfo(title=" 試題分析 ", message=" 沒有選擇檔案 ")
```

　　上述程式主要是試題分析中難度的計算程式。

　　以下為完整的程式設計碼（ex10_30.py）。

[程式碼]

```
1. # Filename: ex10_30.py
2. import tkinter as tk
3. import tkinter.messagebox as tkmessagebox
4. import tkinter.filedialog as tkfiledialog
5. import tkinter.font as tkfont
6. def Cal():
7.     options = {}
```

```
8.      options['filetypes'] = [("allfiles","*"),("text","*.txt")]
9.      options['initialdir'] = "c:\"
10.     options['multiple'] = False
11.     options['title'] = "開啓分析檔案"
12.     fs = tkfiledialog.askopenfile(**options)
13.     if fs:
14.         f = open(fs.name,'r')
15.         fc = f.readlines()
16.         f.close()
17.         fo = open('output.txt','w')
18.         fo.write("試題分析結果\n")
19.         pitem = int(fc[0][0:3])
20.         fo.write('題數:'+str(pitem)+'\n')
21.         pmiss = fc[0][4:5]
22.         fo.write('缺失:'+pmiss+'\n')
23.         pomit = fc[0][6:7]
24.         fo.write('遺漏:'+pomit+'\n')
25.         pid   = int(fc[0][8:10])
26.         fo.write('ID長度:'+str(pid)+'\n')
27.         pans  = fc[1]
28.         fo.write('答案:'+pans)
29.         pnum  = len(fc)-2
30.         fo.write('人數:'+str(pnum)+'\n')
31.         psitem = []
32.         for j in range(0, pitem, 1):
33.             psitem.append(0)
34.         for i in range(0,pnum, 1):
35.             for j in range(0,pitem, 1):
36.                 if (fc[2+i][pid+j]==pans[j]):
37.                     psitem[j] = psitem[j]+1
38.             for j in range(0, pitem):
39.                 fo.write('第 '+str(j+1).rjust(2,'0')+' 題，難度值
    p='+str(round(psitem[j]/pnum,2)).ljust(4,'0')+'\n')
40.         fo.close()
41.         tkmessagebox.showinfo(title="試題分析", message="分析完成")
42.     else:
43.         tkmessagebox.showinfo(title="試題分析", message="沒有選擇檔案")
44.def View():
45.     options = {}
```

```
46.       options['filetypes'] = [("allfiles","*")]
47.       options['initialdir'] = "c:\"
48.       options['multiple'] = False
49.       options['title'] = "開啟分析檔案"
50.       fs = tkfiledialog.askopenfile(**options)
51.       if fs:
52.           f = open(fs.name,'r')
53.           fc= f.readlines()
54.           f.close()
55.           ptext = tk.Text(win, width=800, height=600)
56.           for i in range(0, len(fc), 1):
57.               ptext.insert(tk.INSERT, fc[i])
58.           ptext.pack()
59.           ptext.config(state=tk.DISABLED)
60.       else:
61.           tkmessagebox.showinfo(title="試題分析", message="沒有選擇檔案")
62. def About():
63.     tkmessagebox.showinfo(title="關於我們", message="程式設計者:Python 程式設
    計工作室")
64. def Exit():
65.     win.destroy()
66. def main():
67.     global win
68.     win = tk.Tk()
69.     win.geometry("800x600")
70.     win.title("試題與測驗分析程式")
71.     default_font = tkfont.nametofont('TkDefaultFont')
72.     default_font.configure(size=15)
73.     menubar = tk.Menu(win)
74.     win.config(menu=menubar)
75.     menu_file = tk.Menu(menubar, tearoff = 0)
76.     menu_cal  = tk.Menu(menubar, tearoff = 0)
77.     menu_help = tk.Menu(menubar, tearoff = 0)
78.     menubar.add_cascade(label='檔案', menu=menu_file)
79.     menubar.add_cascade(label='計算', menu=menu_cal)
80.     menubar.add_cascade(label='Help', menu=menu_help)
81.     menu_file.add_command(label='結束', command=Exit)
82.     menu_cal.add_command(label='計算', command=Cal)
83.     menu_cal.add_command(label='檢視', command=View)
```

```
84.    menu_help.add_command(label=' 關於 ', command=About)
85.    win.mainloop()
86.# 主程式開始
87.main()
```

[程式說明]

　　第 6 行至第 43 行為計算函式，其中包括讀取所要分析的檔案，第 32 行至第 37 行為分析難度的流程，第 38 至第 43 行則是將結果寫入分析結果的檔案流程。

　　第 44 行至第 61 行為檢視函式，其中包括開啟所要檢視的檔案。

　　第 62 行至第 63 行為關於函式，利用訊息函數呈現程式說明。

　　第 64 行至第 65 行為結束函式，利用 win.destory() 來結束 GUI 程式。

　　第 66 行至第 85 行為主程式內容，其中包括功能表的建立，也是程式的主要進入點。

10.4　建立執行檔

　　Python 的程式設計者將程式設計發展完成後，使用者若要在沒有安裝 Python 程式的環境中執行，可以利用 Python 建立執行檔的套件將它打包，以下將從建立執行檔前的準備工作（安裝 pyinstaller 套件）、實作如何建立執行檔以及將本章所發展的三個專題加以打包等三個部分加以說明，如下所示。

10.4.1　Pyinstaller 套件

　　Python 所發展的程式，可以利用建立執行檔套件將它打包，可以在沒有安裝 Python 與相關套件的作業環境中執行，以下將依如何安裝 Pyinstaller 套件與使用方式等 2 部分，說明如下。

1. 安裝 pyinstaller 套件

　　Pyinstaller 可以將 Python 所發展的程式加以打包成執行檔，首先必需先安裝

pyinstaller 套件，以下即為在 command prompt 的環境中安裝相關套件。

```
pip install https://github.com/pyinstaller/pyinstaller/archive/develop.zip
```

　　以下為執行過程與安裝完成的結果。

```
D:\WinPython3630\scripts>pip install https://github.com/pyinstaller/pyinstaller/
archive/develop.zip
Collecting https://github.com/pyinstaller/pyinstaller/archive/develop.zip
  Cache entry deserialization failed, entry ignored
  Downloading https://github.com/pyinstaller/pyinstaller/archive/develop.zip
(3.9MB)
    100% |████████████████████████████████| 4.0MB
133kB/s
Requirement already satisfied: setuptools in d:\winpython3630\python-3.6.3.amd64\
lib\site-packages (from PyInstaller==3.4.dev0+d4798a98a)
Collecting pefile>=2017.8.1 (from PyInstaller==3.4.dev0+d4798a98a)
  Cache entry deserialization failed, entry ignored
Collecting macholib>=1.8 (from PyInstaller==3.4.dev0+d4798a98a)
  Cache entry deserialization failed, entry ignored
  Cache entry deserialization failed, entry ignored
  Downloading macholib-1.9-py2.py3-none-any.whl (40kB)
    100% |████████████████████████████████| 40kB
223kB/s
Collecting future (from PyInstaller==3.4.dev0+d4798a98a)
  Cache entry deserialization failed, entry ignored
Collecting altgraph>=0.15 (from macholib>=1.8->PyInstaller==3.4.dev0+d4798a98a)
  Cache entry deserialization failed, entry ignored
  Cache entry deserialization failed, entry ignored
  Downloading altgraph-0.15-py2.py3-none-any.whl
Installing collected packages: future, pefile, altgraph, macholib, PyInstaller
  Running setup.py install for PyInstaller ... done
Successfully installed PyInstaller-3.4.dev0+d4798a98a altgraph-0.15 future-0.16.0
macholib-1.9 pefile-2017.11.5

D:\WinPython3630\scripts>
```

上述即爲安裝完成的結果，以下則爲 pyinstaller 的使用說明。

```
D:\WinPython3630\scripts>pyinstaller
usage: pyinstaller [-h] [-v] [-D] [-F] [—specpath DIR] [-n NAME]
                   [—add-data <SRC;DEST or SRC:DEST>]
                   [—add-binary <SRC:DEST or SRC:DEST>] [-p DIR]
                   [—hidden-import MODULENAME]
                   [—additional-hooks-dir HOOKSPATH]
                   [—runtime-hook RUNTIME_HOOKS] [—exclude-module EXCLUDES]
                   [—key KEY] [-d] [-s] [—noupx] [-c] [-w]
                   [-i <FILE.ico or FILE.exe,ID or FILE.icns>]
                   [—version-file FILE] [-m <FILE or XML>] [-r RESOURCE]
                   [—uac-admin] [—uac-uiaccess] [—win-private-assemblies]
                   [—win-no-prefer-redirects]
                   [—osx-bundle-identifier BUNDLE_IDENTIFIER]
                   [—runtime-tmpdir PATH] [—distpath DIR]
                   [—workpath WORKPATH] [-y] [—upx-dir UPX_DIR] [-a]
                   [—clean] [—log-level LEVEL]
                   scriptname [scriptname ...]
pyinstaller: error: the following arguments are required: scriptname
```

Pyinstaller 有兩種製作 exe 檔案的方式，第一種是將製作出的檔案皆放在同一個目錄，另外一種則是將製作出的檔案包裝成一個獨立的 exe 執行檔，分別說明如下。

2. Pyinstaller 使用方式

Pyinstaller 包括二種製作執行檔的方式，分別是 onedir、onefile 等。

---

onedir 方式

---

onedir 方式是將所製作出的檔案皆放在一個目錄下，這是預設的製作方式，語法如下所示。

```
pyinstaller 應用程式
```

範例如下所示。

```
pyinstaller demo.py
```

onefile 方式

onefile 方式是加上「-F」參數，將製作出的檔案包裝一個獨立的執行檔，語法如下所示。

```
pyinstaller -F 應用程式
```

範例如下所示。

```
pyinstaller -F demo.py
```

10.4.2 實作執行檔

接下來將以 ex10_40.py 的程式來實作如何製作成執行檔，程式內容如下所示。

```
print(" 歡迎來到 Python 的程式世界 ")
press = input("Press any key to over the program")
```

以下將會利用上述程式來製作成 onedir 與 onefile 的執行檔，如下所示。

1. 實作 onedir 的執行檔

　　首先開啟 command prompt 視窗，更換至 ex10_40.py 所在的目錄（demo），然後利用 pyinstaller ex10_40.py 的指令將應用程式 ex10_40.py 打包成 onedir 的執行檔，執行過程如下所示。

　　首先切換至 ex10_40.py 所在目錄。

```
C:\>D:
D:\>cd \demo
```

　　查詢目錄中所有的檔案。

```
D:\demo>dir
 磁碟區 D 中的磁碟是 DATA
 磁碟區序號： FA61-F8E6
 D:\demo 的目錄
2018/03/26  下午 02:52    <DIR>          .
2018/03/26  下午 02:52    <DIR>          ..
2018/03/26  下午 02:44                117 ex10_40.py
              1 個檔案              117 位元組
              2 個目錄   129,598,935,040 位元組可用
```

　　執行打包程式 pyinstaller ex10_40.py，完成後會在所在目錄產生 <build>、<dist>、<__pycache__> 等三個目錄，其中 <dist> 的目錄中，產生了 <ex10_40> 的目錄，其中所打包完成的執行檔（ex10_40.exe）即位於其中，只需要將 ex10_40 目錄整個複製至其他的電腦，即可以執行，所產生的目錄如下所示。

```
D:\demo>dir
 磁碟區 D 中的磁碟是 DATA
 磁碟區序號： FA61-F8E6
 D:\demo 的目錄
```

```
2018/03/26  下午 02:56    <DIR>              .
2018/03/26  下午 02:56    <DIR>              ..
2018/03/26  下午 02:56    <DIR>              build
2018/03/26  下午 02:56    <DIR>              dist
2018/03/26  下午 02:44             117 ex10_40.py
2018/03/26  下午 02:56             862 ex10_40.spec
2018/03/26  下午 02:56    <DIR>              __pycache__
              2 個檔案             979 位元組
              5 個目錄   129,563,615,232 位元組可用
```

所產生執行檔的目錄（ex10_40）及其檔案如下所示。

```
D:\demo\dist\ex10_40>dir
 磁碟區 D 中的磁碟是 DATA
 磁碟區序號：  FA61-F8E6
D:\demo\dist\ex10_40 的目錄
2018/03/26  下午 02:56    <DIR>              .
2018/03/26  下午 02:56    <DIR>              ..
2018/03/26  下午 02:56         736,098 base_library.zip
2018/03/26  下午 02:54           6,144 clr.pyd
2018/03/26  下午 02:56       1,686,314 ex10_40.exe
2018/03/26  下午 02:56           1,032 ex10_40.exe.manifest
2018/03/26  下午 02:54         190,464 pyexpat.pyd
2017/11/01  上午 06:06         130,048 Python.Runtime.dll
2018/03/26  下午 02:54       3,603,456 python36.dll
2018/03/26  下午 02:54         137,216 pywintypes36.dll
2018/03/26  下午 02:54          19,968 select.pyd
2018/03/26  下午 02:54         899,072 unicodedata.pyd
2018/03/26  下午 02:54          87,880 VCRUNTIME140.dll
2018/03/26  下午 02:54         131,072 win32api.pyd
2018/03/26  下午 02:54          68,096 win32evtlog.pyd
2018/03/26  下午 02:54          87,552 _bz2.pyd
2018/03/26  下午 02:54         122,880 _ctypes.pyd
2018/03/26  下午 02:54       1,656,832 _hashlib.pyd
2018/03/26  下午 02:54         247,296 _lzma.pyd
2018/03/26  下午 02:54          65,536 _socket.pyd
```

```
2018/03/26  下午 02:54          2,054,144 _ss1.pyd
          19 個檔案        11,931,100 位元組
           2 個目錄   129,563,615,232 位元組可用
```

2. 實作 onefile 的執行檔

接下來以同樣的程式示範如何實作 onefile 的執行檔，過程如下所示。首先開啓 command prompt 視窗，更換至 ex10_40.py 所在的目錄（demo），然後利用 pyinstaller -F ex10_40.py 的指令將應用程式 ex10_40.py 打包成 onefile 的執行檔，完成後會在所在目錄產生 <build>、<dist>、<__pycache__> 等三個目錄，其中 <dist> 的目錄中，只會產生 ex10_40.exe 的執行檔，只需要將 ex10_40.exe 複製至其他的電腦，即可以執行，所產生的目錄及其內容如下所示。

```
D:\demo\dist>dir
 磁碟區 D 中的磁碟是 DATA
 磁碟區序號： FA61-F8E6
D:\demo\dist 的目錄
2018/03/26  下午 03:14    <DIR>          .
2018/03/26  下午 03:14    <DIR>          ..
2018/03/26  下午 03:14          5,902,791 ex10_40.exe
           1 個檔案        5,902,791 位元組
           2 個目錄   129,549,524,992 位元組可用
```

10.4.3　包裝專題執行檔

實際應用 pyinstaller 來打包 Python 的程式成爲執行檔時，因爲 Python 的應用程式通常不會如上述範例簡單，應用程式中有時會包括許多套件或者是相關資源、圖片、音效或者音樂檔案，所以打包完成後仍需要將許多相關的資源一起安裝才能順利執行，以下將以 YouTube 影片下載程式以及試題分析程式來製作執行檔爲範例，來說明專題執行檔的包裝可能需要注意的事項。

1. 實作 YouTube 影片下載執行檔

首先以 ex10_10.py 的 YouTube 影片下載程式爲例，其中因爲包括 youtube_dl 套件，所以執行時需要 ffmpeg.exe、ffplay.exe、ffprobe.exe 等 3 個檔案，因此打包完成後的執行需要與這 3 個檔案在同一個目錄下一起執行，才能順利將下載的影片轉換成 MP3 的格式。

[部分程式碼]

```
略...
27.#main program
28.win=tk.Tk()
29.win.geometry("600x400")
30.win.title("MP4 與 MP3 下載 ")
31.frame1 = tk.Frame(win, width=600)
32.frame1.pack()
33.label1 = tk.Label(frame1, text=" 網址 :")
34.label1.grid(row=0, column=0)
35.labe12 = tk.Label(frame1, text=" 路徑 :")
36.labe12.grid(row=1, column=0)
略...
```

開啓 command prompt 的視窗，並且切換至 YouTube 下載影片程式的目錄中，在命令提示符號後輸入 >pyinstaller -F ex10_10.py，將 ex10_10.py 打包成 onefile 的執行檔，完成後會在 <dist> 的目錄中建立了「ex10_10.exe」，此時點選此執行檔即會順利執行，但若是要下載 MP3 的檔案時，因爲缺少 ffmpeg.exe、ffplay.exe、ffprobe.exe 等 3 個檔案，所以並無法正確轉換，所以請將這 3 個檔案一起複製到該目錄中即可順利執行 MP3 的下載。

2. 實作試題分析執行檔

接下來以 ex10_30.py 的試題分析程式爲例，其中並沒有包括任何特殊的套件，所以打包完成後的執行檔即可順利執行。

[部分程式碼]

```
略 ...
66. def main():
67.     global win
68.     win = tk.Tk()
69.     win.geometry("800x600")
70.     win.title(" 試題與測驗分析程式 ")
71.     default_font = tkfont.nametofont('TkDefaultFont')
72.     default_font.configure(size=15)
73.     menubar = tk.Menu(win)
74.     win.config(menu=menubar)
75.     menu_file = tk.Menu(menubar, tearoff = 0)
76.     menu_cal  = tk.Menu(menubar, tearoff = 0)
77.     menu_help = tk.Menu(menubar, tearoff = 0)
78.     menubar.add_cascade(label=' 檔案 ', menu=menu_file)
79.     menubar.add_cascade(label=' 計算 ', menu=menu_cal)
80.     menubar.add_cascade(label='Help', menu=menu_help)
81.     menu_file.add_command(label=' 結束 ', command=Exit)
82.     menu_cal.add_command(label=' 計算 ', command=Cal)
83.     menu_cal.add_command(label=' 檢視 ', command=View)
84.     menu_help.add_command(label=' 關於 ', command=About)
85.     win.mainloop()
86. #主程式開始
87. main()
```

　　開啓 command prompt 的視窗，並且切換至試題分析程式的目錄中，在命令提示符號後輸入 >pyinstaller -F ex10_30.py，將 ex10_30.py 打包成 onefile 的執行檔，完成後會在 <dist> 的目錄中建立了「ex10_30.exe」，此時點選此執行檔即會順利執行。

習題

請設計一個簡單的文字編輯器，功能表中包括工具列按鈕、檔案對話盒，如下圖所示，文字編輯器可讓使用者開啟或儲存文字檔案。

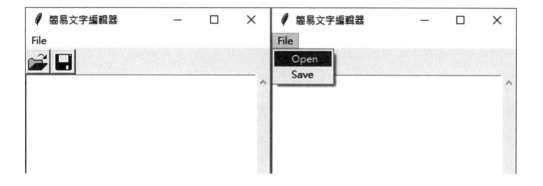

Arduino

11.1 Arduino 基本介紹

Arduino 是一個設計於微型控制器的開放原始碼硬體設計平臺,具有簡易的軟體開發環境,除了原型設計之外,使用者亦可使用 Arduino 來開發各種創客(Maker)的專案,Arduino 讓電腦世界與實體生活環境搭起了溝通的橋梁,利用電腦連接感測器來控制與操弄生活周遭的硬體,例如空氣汙染偵測器、溫溼度感測器、馬達、照明設備與開關等。

11.2 Firmata 通訊協定

Arduino 包含簡單的硬體設計,具有微控制器與 I/O 腳位來連接外部的裝置,利用 Firmata 通訊協定可以將控制微控制器與腳位轉換至外部軟體機制的 Arduino 程式碼,因此可以減少每次修改再上傳至 Arduino 來執行程式。

Firmata 是一種在微控制器與電腦主機中協助通訊的通訊協定,任何能進行序列通訊的電腦主機之軟體,都能與使用 Firmata 的微控制器進行通訊,如上所述,Firmata 提供了 Arduino 對軟體直接連線,可以大量省去修改與上傳 Arduino 程式的程序。若要利用 Firmata 通訊協定,使用者必需事先上傳一個支援 Firmata 這個通訊協定的程式碼至 Arduino,之後使用者即可在電腦主機上撰寫程式碼,並完成各種複雜的程序,而此時撰寫程式的軟體可以藉由序列埠(serial port),針對安裝 Firmata 的 Arduino 開發板傳送程式碼,如此即可以在不更動 Arduino 硬體的情形下,利用電腦主機上的程式碼執行相關的程序。以下即說明如何上傳 Firmata 程式碼至 Arduino 開發板。

11.2.1 上傳 Firmata 程式碼

以下將說明如何上傳 Firmata 程式碼至 Arduino 開發板,最新版本的 Arduino IDE 已經包含了標準的 Firmata 韌體,請依下列步驟來將標準化的 Firmata 程式碼上傳至 Arduino 開發板。

1. 開啟 StandardFirmata 程式碼

　　請開啓 Arduino IDE，選擇檔案→範例→ Firmata → StandardFirmata，選擇後開啓 StandardFirmata 草稿碼（程式碼），如下圖所示。

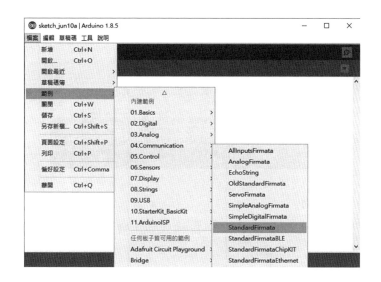

2. 編譯並上傳

　　此時會開啓另一個視窗，請勿作任何的修改，直接編譯上傳即可，編譯上傳時請務必選擇正確的開發板以及通訊的序列埠，若使用者選擇編譯後，請再選擇上傳，否則選擇上傳即會將程式碼先編譯後再上傳，操作畫面如下圖所示。

3. 檢視上傳是否成功

編譯完成的程式碼上傳至 Arduino 開發板後，會出現「上傳完畢」的文字出現在 Arduino IDE 中，如下圖所示。

上傳完成後代表 Arduino 開發板已經安裝最新版的 Firmata 韌體，可接受相關的指令執行程序，以下即開始測試 Firmata 通訊協定的功能。

11.2.2　測試 Firmata 通訊協定

使用 Firmata 通訊協定來建構電腦主機與 Arduino 開發板之間通訊的方法相當多，例如可以在 Python 程式語言的開發環境中利用函式庫來撰寫相關的程式，或者是利用現成的測試軟體等，而以下將介紹一個免費的測試軟體 Firmata_ test 來測試 Firmata 通訊協定，本軟體可以在 https://github.com/firmata/firmata_test 這個網址中下載，首先點選「See Downloads for binaries」至已編譯完成的程式中下載（https://github.com/firmata/firmata_test/downloads），如下圖所示。

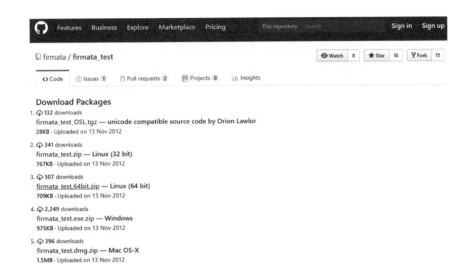

　　上圖會出現各種版本的 Firmata_test 程式，請選擇適合的版本，本範例是在 Windows 的作業系統環境，因此點選第 4 個版本，下載之後解壓縮後即會出現 firmata_test.exe 的執行程式，可供測試 Firmata 通訊協定。

　　測試之前，要先確定是否正確上傳 Firmata 中 StandardFirmata 的範例程式碼，若電腦與 Arduino 開發板正確連接並且也將 StandardFirmata 程式碼正確上傳後，將 firmata_test.exe 這個程式檔點選二下即會出現這個測試程式的主畫面，請先在 Port 的設定中選擇目前 Arduino 開發板與電腦連接的序列埠，例如 COM7 後，即會出現相關的腳位資料，如下圖所示。

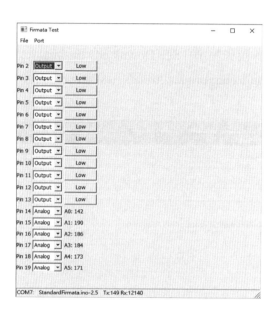

Arduino 開發板內建的 Led 燈是連接在第 13 個腳位,所以當將第 13 個腳位由目前的 Low 點選改變成 High 電位時,開發板上的腳位應該會亮起來,如下圖所示。

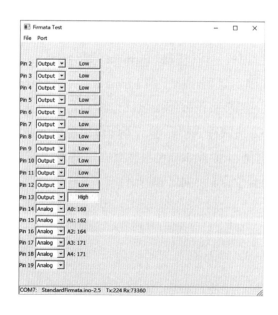

　　上述程式來測試 Arduino 的基本功能非常適合，但是它並無法使用 Firmata 來開發較複雜的應用，實際的應用程式中，使用者需要以客製的新程式碼來執行，不是只有切換 LED 燈的狀態，還能執行各種邏輯與演算，或者是與其他感測器產生連結與互動，而以下將介紹如何利用 Python 來達成上述的目的。

11.3　pySerial 函式庫

　　本部分主要介紹如何在 Python 的編譯環境與 Arduino 之間，建立程式執行的連線，以下即說明利用 pySerial 函式庫來作為 Python 編譯環境與 Arduino 之間的溝通媒介。

　　pySerial 函式庫是藉由封裝對序列埠的連接，建立與 Arduino 之間的通訊，這個模組經由 Python 向序列埠設定提供存取，讓使用者可以直接經由 Python 的直譯器來設定序列埠，接下來即說明如何安裝 pySerial 函式庫。

11.3.1　安裝 pySerial 函式庫

　　以下將說明如何安裝 pySerial 的函式庫供 Python 程式中引用，以下步驟將以 pip 指令來安裝，請利用第六章所述開啟命令提示字元視窗來安裝 pySerial 函式庫。

1. 開啟命令提示字元視窗

　　開啟命令提示字元視窗後，輸入 pip install pyserial 指令來安裝 pySerial 函式庫。

2. 確認是否安裝成功

　　為了確認 pySerial 函式庫是否安裝成功，請開啟 Python 程式編輯環境，輸入 import serial 指令，加以執行檢視是否讀取成功，若未出現任何錯誤即代表 pySerial 函式庫安裝成功。

11.3.2 pySerial 範例

以下指令是測試 pySerial 函式庫的功能，請開啓 Python 編輯器，輸入以下程式碼，並且點選執行。

[程式碼]

```
1. import serial
2. ser = serial.Serial('COM7')
3. print(ser.port)
4. print(ser.baudrate)
5. print(ser.bytesize)
6. print(ser.parity)
7. ser.close()
```

[執行結果]

```
COM7
9600
8
N
```

[程式說明]

上述的程式碼中，說明如下。

第 1 行爲匯入 serial 函式庫。

第 2 行則是由 serial.Serial 函數連接並開啓 COM7 的序列連接埠。

第 3 行輸出序列埠，本範例爲 COM7。

第 4 行輸出序列埠的 baurdate，本範例輸出結果爲 9600。

第 5 行輸出序列埠的 bytesize，本範例輸出結果爲 8。

第 6 行輸出序列埠的 parity，本範例輸出結果爲 N。

11.4　安裝 pyFirmata

　　pySerial 是一個簡單的函式庫，提供 Arduino 與 Python 直譯器之間的溝通橋梁，不過 pySerial 函式庫缺少支援 Firmata 通訊協定的功能，而支援 Python 的函式庫中，pyFirmata 函式庫即是以 pySerial 函式庫為基礎且支援 Firmata 通訊協定的函式庫，以下將說明如何安裝 pyFirmata 函式庫。

　　使用 pyFirmata 時要先確認 Arduino 的 Standard Firmata 是否被正確執行，或者使用者在執行 Python 程式之前，利用 Arduino IDE 將它重寫一次到 Arduino 確認 Firmata 被正確使用，以確保在 Python 直譯器中利用 pyFirmata 函式庫來正確連接 Python 並執行相關的程序。

　　安裝 pyFirmata 時請在命令提示字元符號視窗中，輸入 pip install pyfirmata 的指令，來安裝 pyfirmata 函式庫。

　　因為要測試在 Arduino 開發板中在 13 個腳位的 LED 燈，所以需要依下圖將 LED 以及一個電阻安裝好。

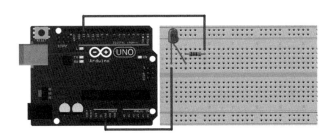

　　安裝完成後，請開啓 Python 編譯器，並且輸入以下的程式碼（ex11_01. py），下述的程式碼會匯入 pyFirmata 函式庫，並且定義腳位編號（13）與連接埠。

```
import pyfirmata
```

```
pin=13
port='COM7'
```

接下來指定微控制器類型與其連接埠。

```
board=pyfirmata.Arduino(port)
```

執行上述的程式碼之後，表示 Python 直譯器與 Arduino 開發板之間的通訊已經建立完成，Arduino 的開發板上會有 2 個 LED 燈開始閃爍，接下來開始測試 Arduino 開發板中的腳位了，執行下述的程式碼即會點亮 LED 燈。

```
board.digital[pin].write(1)
```

此時若要將 Arduino 開發板上的 LED 燈熄滅，可以將數位腳位 13 寫入 0 即可，如下程式碼所示。

```
board.digital[pin].write(0)
```

執行完成後，要將與 Arduino 開發板上的連接關閉，需要執行以下的程式碼。

```
board.exit()
```

若沒有執行上述關閉與 Arduino 開發板的指令，再執行時會出現錯誤。以下將開始介紹利用 Python 來控制 Arduino 開發板上感測器的專案。

11.5　觸發 LED 專案

以下將介紹如何利用按鈕來控制 LED 燈，就猶如開關一樣，當 LED 燈暗時，按開關即會打開 LED 燈，而當 LED 燈亮時，按開關即會將 LED 關閉。首先將利用 Arduino IDE 來撰寫相關的程式碼，以下爲專案的零件清單。

1.LED 燈 ×1

2. 電阻 ×2

3. 杜邦線 ×5

4.Arduino 開發板 ×1

5.USB 連接線 ×1

6. 麵包板 ×1

7. 開關元件 ×1

本專案主要是利用一個開關來控制 LED 燈，需要依下圖將開關、LED、電阻與杜邦線安裝好，請注意 LED 燈長腳所連接的訊號腳位是 10，短腳接地（GND）、 按鈕開關所連線的訊號腳位是 12。

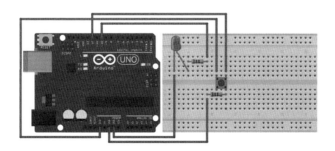

11.5.1　利用 Arduino IDE 撰寫

以下的專案程式碼（ex11_02.ino）是利用一個開關來控制 LED 燈，列述如下。

[程式碼]

```
1.  boolean LEDState=False;
2.  int LED = 10;
3.  int BUTTON = 12;
4.  void setup() {
5.      pinMode(LED, OUTPUT);
6.      pinMode(BUTTON, INPUT_PULLUP);
7.  }
8.  void loop() {
9.      if (digitalRead(BUTTON)==LOW){
10.         delay(50);
11.         if (digitalRead(BUTTON)==LOW) {
12.             LEDState = !LEDState;
13.             digitalWrite(LED, LEDState);
14.         }
15.         while(digitalRead(BUTTON)==LOW) {
16.         };
17.     }
18.}
```

[程式說明]

第 1 行是設定 LED 目前的狀態變項 LEDState，初始值為 False。

第 2 行與第 3 行分別設定 LED（10）與按鈕（12）的訊息腳位。

第 5 行與第 6 行在設定部分則是將這個腳位設定為輸出腳位。

第 9 行為判斷目前按鈕是否為低電位。

第 10 行則是等待 50ms。

第 11 行至第 14 行這個判斷區塊是判斷按鈕若仍然是低電位，代表按鈕被按下，所以將 LED 改變狀態，若亮時切至暗，而反之則變亮。

第 15 行與第 16 行是判斷按鈕若仍是低電位時，則代表按鈕一直被按著，則需等待它被釋放。

11.5.2　利用 Python 撰寫

使用者若在執行上述的範例後，接下來繼續利用 Python 來撰寫專案時，請注意務必要重新再將 Firmata 中的 standardfirmata 範例程式碼執行一次，以順利由 Python 中 pyFirmata 函數來控制 Arduino 開發板，以下為利用按鈕來控制 LED 燈的亮暗，程式範例 ex11_03.py。

[程式碼]

```
1. import pyfirmata
2. board = pyfirmata.Arduino('COM7')
3. it = pyfirmata.util.Iterator(board)
4. it.start()
5. sw = board.get_pin('d:12:i')
6. led = board.get_pin('d:10:o')
7. led_s = False
8. while True:
9.     value = sw.read()
10.    if value == 1:
11.        led.write(1)
12.    else:
13.        led.write(0)
14. board.exit()
```

[程式說明]

第 1 行是匯入 pyfirmata 函式庫。

第 2 行則是由 pyfirmata.Arduino 函數連接並開啟 COM7 的序列連接埠。

第 3 行與第 4 行為讀取序列埠資料時，必須開啟 Iterator 來避免序列溢位，並且啟動。

第 5 行設定按鈕的訊息腳位為 12，d 代表數位，i 代表輸入。

第 6 行設定 LED 的訊息腳位為 10，d 代表數位，o 代表輸出。

第 7 行則是設定 LED 的初始狀態為 False。

　　第 8 行至第 13 行的條件迴圈則是當壓下按鈕，將 LED 改變狀態，若亮時切至暗，而反之則變亮。

　　上述的程式是當按下按鈕時 LED 會亮，鬆開按鈕時則 LED 會暗，若是要按一下 LED 燈亮，再按一次將 LED 燈變暗則可以利用一個狀態的變數來加以控制，如以下的程式碼（ex11_04.py）。

[程式碼]

```
1.  import pyfirmata
2.  from time import sleep
3.  board = pyfirmata.Arduino('COM7')
4.  it = pyfirmata.util.Iterator(board)
5.  it.start()
6.  sw = board.get_pin('d:12:i')
7.  led = board.get_pin('d:10:o')
8.  LEDState = False
9.  while True:
10.     value = sw.read()
11.     sleep(0.05)
12.     if value == 1:
13.         if (LEDState == True):
14.             led.write(0)
15.             led_s = False
16.         else:
17.             led.write(1)
18.             led_s = True
19. board.exit()
```

11.5.3　利用 GUI 介面控制 LED 專案

　　以下的範例是利用 Python 中 GUI 的介面來控制 LED 燈，範例程式碼如下所示（ex11_05.py）。

[程式碼]

```
1. import tkinter
2. import pyfirmata
3. from time import sleep
4. pin=10
5. port = 'COM7'
6. board=pyfirmata.Arduino(port)
7. sleep(5)
8. top=tkinter.Tk()
9. top.minsize(300,20)
10.def onPress():
11.    board.digital[pin].write(1)
12.def offPress():
13.    board.digital[pin].write(0)
14.onButton=tkinter.Button(top,text=" 打開 LED 燈 ",command=onPress)
15.offButton=tkinter.Button(top,text=" 關閉 LED 燈 ",command=offPress)
16.onButton.pack()
17.offButton.pack()
18.top.mainloop()
19.board.exit()
```

　　本章主要是介紹如何利用 Python 中程式碼來控制 Arduino 開發板中的感測器，首先介紹如何建立 Arduino 開發板與 Python 的連接環境，最後 LED 專案來說明如何利用 Python 來操作 Arduino 開發板中的感測器，對於日後創客的發展有所助益。

習題

請撰寫一個 Python 的程式，利用 pyFirmata 函式庫，控制蜂鳴器（buzzer）感測器，並發出聲音。

12

micro:bit

12.1　micro:bit 基本介紹

英國廣播公司（BBC）透過「Make It Digital」計畫，免費贈送 micro:bit 開發板給英國 11 歲學童，BBC 認爲將便宜或免費電腦的提供，可以促進學習程式撰寫與工程開發的興趣，期許將資訊世代的共同語言「程式」之影響力，擴散到世界的各個角落。

micro:bit 是一個小巧的裝置，只有 4×5 公分，可以藉由兩個 AAA（四號）電池、一個水銀電池、USB 供電或任何 3V 電源來加以驅動。由於 micro:bit 方便使用者隨身攜帶，所以可隨時利用 Python、Blockly 與 JavaScript 與 Scratch 等開發應用程式來驅動 micro:bit。micro:bit 內嵌 25 個 LED 燈作爲顯示，並配有 2 個可以編寫程式的按鈕，讓使用者與裝置產生互動，板子背面有 20 個通用輸入與輸出的腳位（General Purpose Input/Output, GPIO），可利用相關設備來連接所有的腳位擴充 micro:bit 驅動外加的感測器或相關元件，以下將詳細說明 micro:bit 的基本功能。

micro:bit 可以在任何瀏覽器中進行程式的編寫，寫入 Python、Blockly、JavaScript 與 Scratch 等程式語言，並且不需要安裝任何的軟體，當然，亦有許多開發者發展離線性的 micro:bit 開發環境，例如 Mu。

```
from microbit import *
while True:
    display.scroll('Hello, World!')
    display.show(Image.HEART)
    sleep(2000)
```

使用者登入 microbit.org 這個網站，即可在 micro:bit 上撰寫所設計的程式，並且透過 USB 或者藍芽來連接電腦下載所撰寫的程式，透過 micro:bit 內建的感測器與按鈕可與內嵌的 25 個 LED 燈來進行互動，並依據不同的模式來讓其閃爍，結果非常值得讓使用者期待。micro:bit 亦可製作一些簡單的遊戲並連結至 Arduino、Raspberry Pi 等運算裝置，實現更多更複雜的任務作業。

　　網路上提供相當豐富的學習資源可以對於教學或學習有興趣的使用者運用（https://microbit.org/teach/），此網址中提供相當多的案例與學習方式，例如 Microsoft 提供了一個 14 週的電腦科學課程，全部都可以直接下載並且進行線上學習，網站的學習與教學資源不斷地增加，相當值得參考，下圖即爲 micro:bit 學習資源的網站畫面。

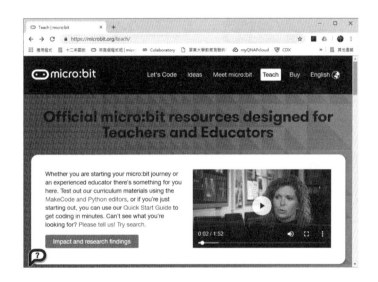

12.2　micro:bit 功能說明

　　下圖是 micro:bit 的硬體結構圖，包括了 (1) 微處理器（processor）；(2)25 個可程式化 LED（25 LED lights）；(3)2 個可程式化按鈕（2 buttons）；(4) 電路連接 pin 腳（edge connector for assessories）；(5) 光和溫度感測器；(6) 加速儀和磁力動作感測器（compass/accelerometer）；(7)Radio 和藍芽等無線通訊（radio

& bluetooth antenna）；(8)USB 介面（USB connector）；(9) 重啓按鈕（reset button）；(10) 電源接頭（battery socket）等硬體功能。

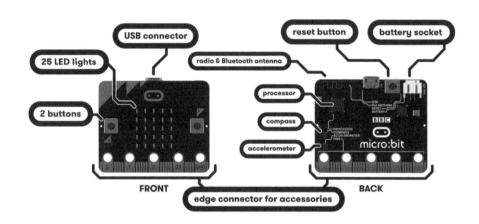

茲將常見的硬體功能說明如下。

12.2.1　微處理器

micro:bit 的微處理器爲 32 位元 ARM Cortex TM M0 CPU，16KB RAM，16MHz，256KB Flash RAM，具低功耗的藍芽晶片。

12.2.2　25 個可程式化 LED

micro:bit 包括有 25 個可程式化的 LED 燈，提供使用者顯示文字、數字與圖示。

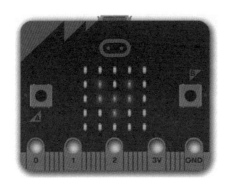

12.2.3　2 個可程式化按鈕 A 與 B

　　micro:bit 的前板中有 2 個可程式的按鈕，分別標記為 A 與 B，這 2 個按鈕可以偵測當按鈕被按下時，觸發使用者所撰寫的事件。

12.2.4　電路連接 pin 腳

　　micro:bit 板子的邊緣有 25 個連接點供作外部的接腳使用，並且提供 3 個數位 / 類比的輸入與輸出（P0、P1、P2）、3V、GND 大型孔環，使用者可以利用這些接腳來控制電子元件或者額外的感測器，例如馬達、LED、空汙偵測器等。

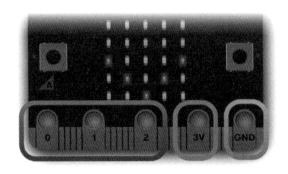

12.2.5 光和溫度感測器

micro:bit 中具有 2 個最基礎的感測器，分別是光與溫度感測器，下列則是以 LED 為基本的光感測器，可以由 LED 內嵌之光感測器來偵測環境的光源情形。

下列則是另外一個溫度感測器，micro:bit 主處理器提供了即時溫度感測器，可用於偵測環境的溫度，藉由溫度資料收集，可供使用者撰寫程式來觸發不同的事件。

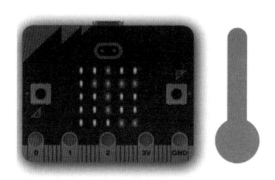

12.2.6　動作感測器 (加速儀 / 磁力)

　　micro:bit 具有 2 個動作感測器，分別是加速儀（accelerometer）與磁力（compass），其中的加速儀可以測量當 micro:bit 被移動時的加速度，除此之外，加速儀感測器還可以透過程式來識別不同的動作，例如搖晃、傾斜、墜落與翻轉等。

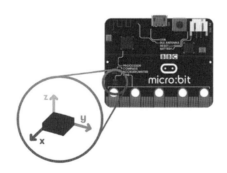

　　下列為磁力動作感測器，可以提供使用者偵測磁場方向與強度，例如地球磁極。利用這個磁力動作感測器，使用者可以將 micro:bit 當做可應用的指南針。

12.2.7　無線通訊 (Radio/ 藍芽)

　　micro:bit 具有 Radio 與藍芽等 2 個無線通訊裝置，其中 Radio 功能允許使用者在 micro:bit 裝置之間進行無線通信。可以利用這個裝置將訊息發送至其他的 micro:bit 裝置，並且建置多人互動遊戲等

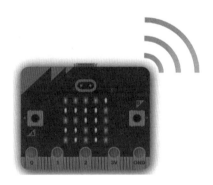

　　BLE（藍芽低功耗）的天線允許 micro:bit 發送和接收藍芽訊號，藉由此裝置可以讓 micro:bit 與個人電腦、手機和平板電腦等裝置設備進行無線通信，所以使用者可以透過 micro:bit 來操控手機，並且可由手機無線發送訊息到 micro:bit 中。

12.2.8　USB 介面

　　micro:bit 中的 USB 介面可以供使用者藉由 micro-USB 線將 micro:bit 連接到個人電腦，並且提供 micro:bit 所需要的電源，使用者亦可以藉由 USB 介面將程式下載至 micro:bit 來加以執行。

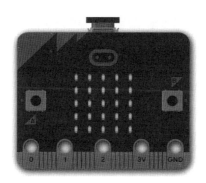

12.2.9　重置按鈕

　　micro:bit 中重置按鈕（reset button），任何時候按下重置按鈕鍵，將重新開機並運行目前的程式。

12.2.10　電源接頭

micro:bit 中透過 USB 介面連接電腦時,即會透過 USB 介面來供電給 micro:bit,當沒有連接至電腦時,則需要 2 個 1.5V 的 AA 或 AAA 電池來供電,即表示可以利用行動電源來供電,甚至可以使用專用的電池擴展板供電,此時即可讓 micro:bit 來獨立運作。

12.3　micro:bit 開發工具

micro:bit 程式的開發工具可以分為線上與單機離線式,另外又可再分為圖形式程式設計與傳統程式編碼環境,常見的開發工具包括 MakeCode、PythonEditor、MU(MicriPython)、ScratchX、Open Roberta Lab 等。其中的 PythonEditor 與 MU 都提供 Python 的編輯環境,以下將以 PythonEditor 來介紹如何編輯開發 micro:bit 的程式。

PythonEditor 是 micro:bit 官方推薦的線上程式設計平臺之一,只需要學習 MicroPython 語言的基本功能即可發揮 micro:bit 的功能,而這也是目前程式設計中效率極為顯著的開發工具。PythonEditor 線上程式編輯器的網址如下 https://python.microbit.org/,下圖為 PythonEditor 線上程式編輯器的首頁。

當程式編寫完成後，請點選 Download 按鈕，接著會看到另存新檔的彈跳視窗，提示使用者將 hex 檔案儲存至電腦中，如下圖所示。

下載後，將 micro:bit 接上電腦，它會顯示外接磁碟，接下來將所儲存的檔案拖曳或複製貼上至 micro:bit 的磁碟圖示，此時即會將此程式儲存至 micro:bit 的板子中，之後即會在 micro:bit 的 25 個 LED 燈中，捲動「Hello, World!」與心型的符號，此時即完成程式的執行工作了。

12.4　PythonEditor

以下將介紹 PythonEditor 中的功能表說明以及所使用 MicroPython 程式語言簡介說明等 2 個部分。

12.4.1　PythonEditor 功能表說明

PythonEditor 的功能表主要包括 Download、Save、Load、Snippets 與 Help 等主要的功能表，分別說明如下。

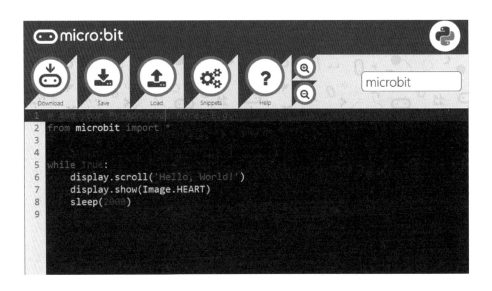

1. Download

Download 按鈕的功能是將使用者所撰寫的程式，下載至個人電腦，若直接下載至 micro:bit 的行動碟時，則會直接執行 micro:bit 的程式，下載時檔案名稱的副檔名為 .hex。

2. Save

Save 按鈕是將所撰寫的 MicroPython 程式下載至個人電腦，檔案名稱副檔名為 .py，此即為 Python 的檔案格式。

3. Load

Load 按鈕是將個人電腦中的 MicroPython 程式或者是 .hex 的檔案，上傳至 PythonEditor 的編輯環境中。

4. Snippets

Snippets 按鈕是顯示可用於撰寫程式的 MicroPython 函數或指令，例如 while、with、class、if 等，對於初學者有一定的協助效果。

5. Help

　　Help 按鈕是提供有用的資源，包括 Documentation、Help 與 Support 等三個子項目的內容，Documentation 是連結至 BBC micro:bit MicroPython documentation 的內容，Help 則是連結至 PythonEditor 功能的說明檔，Support 則是連結至資源的相關網站，內容相當地豐富。

12.4.2　MicroPython

　　Python 是目前最流行的程式語言之一，廣泛地應用在教育、科學研究與人工智慧方面，MicroPython 是 Python 程式語言的迷你版，繼承了 Python 程式語言中簡單易用的主要特性，MicroPython 應用於許多嵌入式系統中，而目前 MicroPython 已移植於 micro:bit 上。

12.5　MicroPython 指令

　　以下將介紹如何利用 MicroPython 的相關指令與函數來顯示文字、顯示圖案、操作磁力動作感測器與溫度感測器。

12.5.1　顯示文字指令

　　micro:bit 中的 MicroPython 針對顯示文字的指令可以運用 display.show() 與 display.scroll() 這 2 個函數指令，而這 2 個函數的區別在於 display.show() 是一次顯示一個字母，而 display.scroll() 則是一次左移一列，實施滾動的效果。這 2 個指令的不同參數的設定可以實現多種的顯示效果，參數設定說明如下。

1. delay

　　delay 這個參數是控制顯示的速度，數字愈大比較延遲的時間愈長，顯示的速度則是愈慢，例如：

```
display.show('Hello', delay=100)
```

2. loop

loop 這個參數是可設定要重複顯示，內定的預設值是只顯示 1 次，因此若要一直顯示則可以如下表示。

```
display.show('Hello', loop=True)
```

3. wait

wait 這個參數是設定是否需要等待，預設是需要等待顯示完成後，才會執行後續的程式，因此若設定為不等待，則可如下表示。

```
display.show('Hello', wait=False)
```

上述參數的設定若使用者需要多個參數組合使用時，亦可以同時設定，例如若需要延遲 100ms 顯示，重複顯示以及不需等待時則可以表示如下。

```
display.show('Hello', delay=100, loop=True, wait=False)
```

12.5.2 顯示圖案指令

micro:bit 提供了許多小圖案可以直接顯示，例如若要直接顯示一個笑臉，函式指令可如下表示。

```
display.show(Image.HAPPY)
```

請注意，若要顯示內建的小圖案，圖案名稱前需要加上 Image，並且圖案名稱的大小寫需要與系統內容預設一樣，內建小圖案清單如下所示。

ANGRY	ARROW_E	ARROW_N	ARROW_NE
ARROW_NW	ARROW_S	ARROW_SE	ARROW_SW
ARROW_W	ASLEEP	BUTTERFLY	CHESSBOARD
CLOCK1	CLOCK2	CLOCK3	CLOCK4
CLOCK5	CLOCK6	CLOCK7	CLOCK8
CLOCK9	CLOCK10	CLOCK11	CLOCK12
CONFUSED	COW	DIAMOND	DIAMOND_SMALL
DUCK	FABULOUS	GHOST	GIRAFFE
HAPPY	HEART	HEART_SMALL	HOUSE
MEH	MUSIC_CROTCHET	MUSIC_QUAVER	MUSIC_QUAVERS
NO	PACMAN	PITCHFORK	RABBIT
ROLLERSKATE	SAD	SILLY	SKULL
SMILE	SNAKE	SQUARE	SQUARE_SMALL
STICKFIGURE	SURPRISED	SWORD	TARGET
TORTOISE	TRIANGLE	TRIANGLE_LEFT	TSHIRT
UMBRELLA	XMAS	YES	

除了內建的小圖案外，使用者也可以顯示自訂的圖案，例如需要顯示由上到下漸變的圖案，可以如下表示（ex12_01.py）。

[程式碼]

```
1. from microbit import *
2. while True:
3.     display.show(Image('11111:22222:33333:44444:55555'))
4.     sleep(2000)
```

[執行結果]

程式執行結果如下所示。

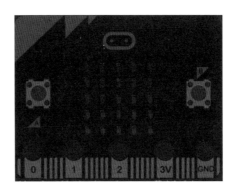

因為 micro:bit 上有 25 個 LED 燈，所以定義的格式就有 25 個數字，每個數字代表 1 個 LED，每 5 個數字一組，代表一行，每組數字之間用冒號隔開，每個數字是 0 到 9 的任意數字，其意義代表的是 LED 的亮度，其中的 0 代表不亮，而 9 則是代表最亮。

圖案的顯示除了可單一圖案外，亦可將多個圖案組合起來顯示，形成一個小動畫，例如下列範例（ex12_02.py）是同時顯示大紅心與小紅心。

[程式碼]

```
1. from microbit import *
2. while True:
3.     display.show([Image.HEART, Image.HEART_SMALL])
4.     sleep(2000)
```

[執行結果]

　　圖案的顯示亦可同文字的顯示一樣，利用 delay、loop、wait 等參數來進行顯示上的控制。

12.5.3　磁力動作感測器

　　micro:bit 中的磁力動作感測器可以透過 compass.heading() 函數來加以讀取資料，範圍是 0°-359°，0° 代表正北方，另外 compass.calibrate() 是校準磁力動作感測器，若是沒有校準，磁力動作感測器將會出現錯誤的結果，以下的範例（ex12_03.py）即是利用一個簡單的公式讓 micro:bit 顯示出磁力動作感測器的方向。

[程式碼]

```
1. from microbit import *
2. compass.calibrate()
3. while True:
4.     needle = ((15 - compass.heading()) // 30) % 12
5.     display.show(Image.ALL_CLOCKS[needle])
```

[執行結果]

首先需要先加以校正，所以剛開始執行時，micro:bit 的 25 個 LED 燈會顯示需要將 micro:bit 上的 25 個 LED 燈填滿，所以此時需要調整 micro:bit 的板上將 25 個 LED 燈加以填滿，之後會出現笑臉，代表校正成功，此時 micro:bit 即會顯示目前的方位，執行結果如下所示。

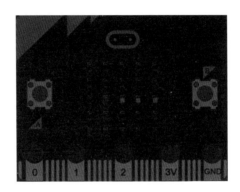

12.5.4 溫度感測器

micro:bit 中可以利用 temperature() 來讀取溫度感測器的環境溫度，以下列範例（ex12_04.py）為例，讀取溫度感測器的溫度後，先轉換成字串後再利用顯示文字的方式顯示在 25 個 LED 燈上。

[程式碼]

```
1. from microbit import *
2. while True:
3.     display.scroll(str(temperature()))
4.     sleep(500)
```

[執行結果]

　　程式執行結果如下所示。

　　本章主要是介紹如何利用 MicroPython 中程式碼來控制 micro:bit 開發板中的功能與感測器，說明 micro:bit 的開發工具 PythonEditor 的編輯環境，最後以 MicroPython 的程式語法來說明如何利用 MicroPython 來操作 micro:bit 開發板中的感測器及相關元件，對於國中小學推廣 STEAM 的應用有參考上的價值。

習題

請撰寫一個 MicroPython 的程式，利用 micro:bit 開發板，控制外接式喇叭，並發出聲音及播放（因為 micro:bit 開發板上沒有蜂鳴器，所以請利用小夾子和導線將 pin0 和 GND 連接到蜂鳴器或喇叭上，或連接電池擴展板，運用擴展板上的蜂鳴器來發出聲音）。

國家圖書館出版品預行編目資料

Python程式設計入門與應用：運算思維的提
　昇與修練／陳新豐著. －－二版.－－臺北
市：五南圖書出版股份有限公司，2022.07
面；　公分
ISBN 978-626-317-958-5（平裝）

1.CST: Python(電腦程式語言)

312.32P97　　　　　　　　111009224

1H2B

Python程式設計入門與應用：
運算思維的提昇與修練

作　　　者 ― 陳新豐

發 行 人 ― 楊榮川

總 經 理 ― 楊士清

總 編 輯 ― 楊秀麗

主　　　編 ― 侯家嵐

責任編輯 ― 吳瑀芳

文字校對 ― 鐘秀雲

封面設計 ― 姚孝慈

出 版 者 ― 五南圖書出版股份有限公司

地　　　址：106台北市大安區和平東路二段339號4樓

電　　　話：(02)2705-5066　　傳　　　真：(02)2706-6100

網　　　址：https://www.wunan.com.tw

電子郵件：wunan@wunan.com.tw

劃撥帳號：01068953

戶　　　名：五南圖書出版股份有限公司

法律顧問　林勝安律師事務所　林勝安律師

出版日期　2019年3月初版一刷
　　　　　2022年7月二版一刷

定　　　價　新臺幣480元

經典永恆・名著常在

五十週年的獻禮——經典名著文庫

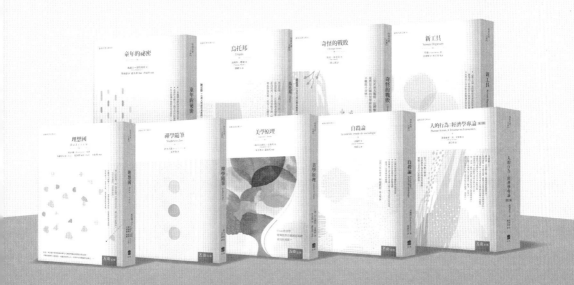

五南，五十年了，半個世紀，人生旅程的一大半，走過來了。
思索著，邁向百年的未來歷程，能為知識界、文化學術界作些什麼？
在速食文化的生態下，有什麼值得讓人雋永品味的？

歷代經典・當今名著，經過時間的洗禮，千錘百鍊，流傳至今，光芒耀人；
不僅使我們能領悟前人的智慧，同時也增深加廣我們思考的深度與視野。
我們決心投入巨資，有計畫的系統梳選，成立「經典名著文庫」，
希望收入古今中外思想性的、充滿睿智與獨見的經典、名著。
這是一項理想性的、永續性的巨大出版工程。
不在意讀者的眾寡，只考慮它的學術價值，力求完整展現先哲思想的軌跡；
為知識界開啟一片智慧之窗，營造一座百花綻放的世界文明公園，
任君遨遊、取菁吸蜜、嘉惠學子！